国家自然科学基金青年项目（钢纤维混凝土的含损伤压剪藕合动态本构关系和抗侵彻机理，项目编号：11202206）资助

国家自然科学基金面上项目（混凝土材料损伤演化方程、含损伤动态本构关系及其抗侵彻破坏机理的多尺度研究，项目编号：11472008）资助

国家自然科学基金青年项目（一种基于微裂纹损伤演化理论的动态本构模型在混凝土抗侵彻中的应用，项目编号：11402266）资助

连续介质力学教程

LIANXU JIEZHI LIXUE JIAOCHENG

段士伟 李平◎编著

安徽师范大学出版社

·芜湖·

图书在版编目(CIP)数据

连续介质力学教程 / 段士伟，李平编著.—芜湖：安徽师范大学出版社，2017.12
ISBN 978-7-5676-3128-1

Ⅰ.①连… Ⅱ.①段… ②李… Ⅲ.①连续介质力学-高等学校-教材 Ⅳ.①O33

中国版本图书馆CIP数据核字(2017)第218025号

连续介质力学教程

段士伟　李　平　编著

责任编辑：吴毛顺
装帧设计：黄　洁
出版发行：安徽师范大学出版社
　　　　　芜湖市九华南路189号安徽师范大学花津校区　邮政编码：241000
网　　址：http://www.ahnupress.com/
发 行 部：0553-3883578　5910327　5910310(传真)　E-mail:asdcbsfxb@126.com
印　　刷：虎彩印艺股份有限公司
版　　次：2017年12月第1版
印　　次：2017年12月第1次印刷
规　　格：700 mm × 1000 mm　1/16
印　　张：8.75
字　　数：138千字
书　　号：ISBN 978-7-5676-3128-1
定　　价：26.50元

前　言

连续介质力学主要研究连续介质（主要是流体和固体）在外部（主要是力和热）作用下的变形、损伤和破坏的宏观规律。在连续介质力学中，人们把物质看作一系列微观上足够大、宏观上足够小的“粒子”或“微团”的连续集合，从而可以认为每一“粒子”在每一时刻占有一个几何上的点，并具有相应的各种物理量的统计平均宏观值，因此可以应用场论和张量分析工具来研究介质的运动规律。尽管细观力学作为一门学科已经兴起，连续介质力学在其发展中逐渐吸收了其中的一些成果，并引入一些物质运动的细观描述，但总体上讲，连续介质力学所应用的研究方法仍然是宏观描述的方法。与包括气态、液态的流体和固态的固体一样，等离子体同时也是物质的单独一态；外部作用除了力和热的作用之外，还包括电磁、光、化学、生物的作用等，但传统的连续介质力学以及本书将基本上不涉及这些复杂的内容。

本课程之所以重要，主要是因为该课程的基本理论框架涉及变形体力学最重要的基本知识，如张量分析的基本知识，介质运动、变形和受力的描述方法，连续介质的守恒定律和场方程组，材料本构关系的基本理论等，对力学以及相关工程学科都是很重要和不可或缺的。现代科学技术的发展不仅没有降低该课程的地位和重要性，而且随着新的科技成果的不断出现，该课程的理论框架和主要内容也在不断完善、充实和提高中得到发展，并在解决新的科学问题方面发挥着越来越重要的作用。很长时期特别是近几十年来，随着科学技术的发展和进步，连续介质力学与其他各类重要学科不断交叉和渗透，因此本课程不但一直是理论和应用力学专业的必修专业基础课，而且成为工程热物理、机械工程、航天工程、生物医学工程、材料科学等很多相关学科和专业的重要专业基础课。国内外著名大学相关专业的课程表几乎都有连续介质力学课程或以该课程主要知识为内容的类似课程。

全书共分为六章，内容包括笛卡尔张量概论、应力分析、主应力和主方向、连续介质的运动和变形、连续介质守恒定律的场方程组、材料的本构关系。本书稿内容深入浅出，注重基本概念的准确性和理论体系的严密性，注重将严格的数学推导和清晰的物理概念相结合，力图使读者既不停留在繁琐的数学公式推导中，也不停留在粗浅的物理现象描述上，而是能清晰地认识数学公式所包含的深刻物理实质。本书适合力学类专业本科生及研究生阅读使用，也可供相关专业的学者、研究人员参考。

由于作者水平有限，错误和不当之处在所难免，欢迎广大读者指正。

目　录

第一章

笛卡尔张量概论

1.1 引　言

张量分析和量纲分析的工具是自然科学的两大基石，具有十分重要的意义。自然界中各种物理量都可以纳入张量的框架统一描述，或者说只有把它们作为张量来描述时，才能清楚地揭示这些物理量与具体坐标系无关的不变性本质，并揭示联系各种物理量间相互关系的物理定律的不变性本质，这就是张量概念和张量方程概念的基本价值。自从爱因斯坦1915年发表著名的广义相对论以来，一方面来自物理学(相对论、场论)的概念促进了张量分析理论的发展；另一方面，张量分析理论在物理学的发展中起着越来越重要的作用，甚至可以说，张量分析工具长期以来在自然科学中起着某种不可替代、不可或缺的基础性作用。

本书从连续介质力学的物理学应用和需要的角度出发，主要在笛卡尔坐标系中介绍张量知识，即介绍笛卡尔张量知识。为此目的，本书从现实的三维欧几里得(Euclid)空间出发，主要以均匀地分布于空间的直角笛卡尔坐标系为工具，介绍张量的概念和张量的代数及其微分和积分运算，并以局部正交基间基变换的概念为基础，介绍正交曲线坐标系中的笛卡尔张量。本书读者应是掌握了高等数学中矢量代数和矢量分析的有关知识，因此本书不再赘述有关矢量空间的系统理论，而是直接以矢量代数和矢量分析知识为基础，逐步深入地介绍张量分析的基础理论和方法。

1.2 指标记法与求和约定

自然界中各种物理量都是客观实在量，它们不依赖于坐标系而存在。但是，为了对这些量进行刻画和表征以便进行运算，常需要选择一定的坐标系，把各种物理量在坐标系中的所谓分量作为它们在此坐标系中的“表象”(Representation)。在欧几里得空间中，人们最常用的坐标系是直角笛卡尔坐标系 (x,y,z) (Rectangular Cartesian Coordinates System)。为书写方便，在张量分析中人们广泛采用所谓的“指标记法”(Index Notation)，即用带指标的 $x_i\ (i=1,2,3)$ 来代替 (x,y,z) 。类似地，用 $\boldsymbol{e}_i\ (i=1,2,3)$ 表示坐标轴 x_i 方向上的单位基矢量，在直角笛卡尔坐标系中，它们形成长度为1且两两正交的所谓幺正基或法化基(Unitary or Normalized Basis)。笛卡尔张量理论中，人们常用下标(Subscripts)，而在一般张量理论中常需要同时采用上标(Superscripts)和下标。于是，对欧几里得空间中任一点 A 相对于坐标原点 O 的矢径 $\boldsymbol{x}=\overline{OA}$ 及空间的任何一个矢量 $\boldsymbol{a}$ ，可以按平行六面体法则(这里是长方体法则)进行线性分解写出

$$\begin{cases}\boldsymbol{x}=x_1\boldsymbol{e}_1+x_2\boldsymbol{e}_2+x_3\boldsymbol{e}_3=x_i\boldsymbol{e}_i\\ \boldsymbol{a}=a_1\boldsymbol{e}_1+a_2\boldsymbol{e}_2+a_3\boldsymbol{e}_3=a_i\boldsymbol{e}_i\end{cases}\tag{1.2.1}$$

其中 x_i 和 a_i 分别是矢量 $\boldsymbol{x}$ 和 $\boldsymbol{a}$ 在幺正基矢量 $\boldsymbol{e}_i$ 上的分解系数，这是大家在解析几何中所熟知的。笛卡尔张量理论中，人们还广泛采用所谓的“求和约定”(Summation Convention)，公式(1.2.1)中的最后两个等号即应用了“求和约定”。“求和约定”的含义是：若某个指标在某一单项式中重复出现，则该项代表一个和式，意味着将此指标从1至3历遍取值并对所得的3项求和(如果是在 n 维欧几里得空间中，便是对其从1至 n 历遍取值并对所得的 n 项求和)。我们把重复出现而对其约定求和的指标称为“哑标”(Dummy or Dumb Index)，如公式(1.2.1)中的指标 i 即是哑标。显然，哑标只有形式上的意义，并不表示1、2、3中某一个确定的值。因此，可将式(1.2.1)中的哑标 i 改为任意其他指标而并不改变该式的最后结果，例如，$\boldsymbol{a}=a_i\boldsymbol{e}_i=a_j\boldsymbol{e}_j=a_k\boldsymbol{e}_k$ 等都可以。

对于幺正基 $\boldsymbol{e}_i$ ，其幺正条件可以表达为

$$\boldsymbol{e}_i \cdot \boldsymbol{e}_j = \delta_{ij} = \begin{cases} 1 & i=j \\ 0 & i \neq j \end{cases} \quad \left(\begin{matrix} i \\ j \end{matrix} = 1, 2, 3 \right) \tag{1.2.2}$$

其中的记号 δ_{ij} 称为克罗尼克尔记号(Kronecker Symbol or Kronecker Delta),在张量运算中具有重要的作用,如果将 δ_{ij} 的9个分量排成一个矩阵,它恰好与单位矩阵相对应。与式(1.2.1)的下标 i 不同,式(1.2.2)中的指标 i 和 j 都没有出现重复,它可代表1、2、3中某一个确定的值,我们称这样的指标为“自由指标(Free Index)”。因此,式(1.2.1)只代表1个式子,它含有3项之和,而式(1.2.2)代表9个式子。在张量运算中,正确区分“哑标”和“自由指标”并明确其不同的作用是十分重要的,张量运算中的许多错误常常是与指标选取不当或对指标作用认识上的错误有关,读者对这点必须特别注意。

根据 δ_{ij} 的定义与“求和约定”的含义,很容易理解如下各个恒等式:

$$\begin{cases} \delta_{ii} = 3 \\ \delta_{ik}\delta_{kj} = \delta_{ij} \\ \delta_{ij}\delta_{ij} = \delta_{jj} = 3 \\ a_i\delta_{ij} = a_j \\ A_{ik}\delta_{kj} = A_{ij} \\ \delta_{ij} = \delta_{ji} \end{cases} \tag{1.2.3}$$

由上式可见,δ_{ij} 作为一个因子与任何一个量相乘时,起到改换指标的作用,即它的作用是:将与之相乘的因子中同 δ_{ij} 中某一重复的哑标改换为 δ_{ij} 中的另一指标。

将任意矢量 $\boldsymbol{a}$ 在直角笛卡尔坐标系中的分解式(1.2.1)的两端与基矢量 $\boldsymbol{e}_j$ 进行点积,即可求出分解系数 a_j:

$$\boldsymbol{a} \cdot \boldsymbol{e}_j = a_i \boldsymbol{e}_i \cdot \boldsymbol{e}_j = a_i \delta_{ij} = a_j \quad (j = 1, 2, 3) \tag{1.2.4}$$

这里利用了 δ_{ij} 的定义式(1.2.2)和其换标作用式(1.2.3)。将公式(1.2.4)中的自由指标 j 改为 i,并将之与公式(1.2.1)结合起来,有

$$\begin{cases} \boldsymbol{a} = a_i \boldsymbol{e}_i \\ a_i = \boldsymbol{a} \cdot \boldsymbol{e}_i \end{cases} \tag{1.2.5}$$

这是读者在解析几何中早就熟知的。(1.2.5)的第一式称为矢量 $\boldsymbol{a}$ 在幺正基 $\boldsymbol{e}_i$ 上的线性分解式,第二式则表明其分解系数 a_i 等于矢量 $\boldsymbol{a}$ 在幺正基 $\boldsymbol{e}_i$ 上的正交投影。

在张量运算中还常用到另一个量 e_{ijk},称为“置换记号(Permutation

Symbol)”,有的书上称为列维—悉维塔(Levy-Civita)记号,它是一个有3个指标的三阶系统,定义为

$$e_{ijk}=\begin{cases}1 & \text{当}ijk\text{为123的正序时}\\ -1 & \text{当}ijk\text{为123的逆序时}\\ 0 & \text{其他}\end{cases} \tag{1.2.6}$$

上式中的指标 i, j, k 均为自由指标,故它包括3^3=27个式子,其中有3个为“1”,3个为“-1”,余下的21个分量全为“0”。将下式右端的行列式展开易见 e_{ijk} 和 δ_{ij} 之间存在如下关系:

$$e_{ijk}=\begin{Vmatrix}\delta_{1i} & \delta_{1j} & \delta_{1k}\\ \delta_{2i} & \delta_{2j} & \delta_{2k}\\ \delta_{3i} & \delta_{3j} & \delta_{3k}\end{Vmatrix} \tag{1.2.7}$$

如果选取的幺正基 $\boldsymbol{e}_i$ 组成右手系(今后一般情况下总是这样规定),则根据解析几何中矢量混合乘积的定义,显然有

$$e_{ijk}=\boldsymbol{e}_i\left(\boldsymbol{e}_j\times\boldsymbol{e}_k\right) \tag{1.2.8}$$

此外,不难证明如下的一些恒等式成立:

$$\begin{cases}e_{ijk}=e_{jki}=e_{kij} \quad e_{ijk}=-e_{jik} \quad e_{ijk}=-e_{ikj} \quad e_{ijk}=-e_{kji}\\ e_{ijk}e_{ijk}=6\\ \boldsymbol{a}_i\left(\boldsymbol{a}_j\times\boldsymbol{a}_k\right)=e_{ijk}\boldsymbol{a}_1\left(\boldsymbol{a}_2\times\boldsymbol{a}_3\right) & \left(\text{对任意的3个矢量}\boldsymbol{a}_1\text{、}\boldsymbol{a}_2\text{、}\boldsymbol{a}_3\right)\\ \boldsymbol{e}_i\left(\boldsymbol{e}_j\times\boldsymbol{e}_k\right)=e_{ijk}\boldsymbol{e}_1\left(\boldsymbol{e}_2\times\boldsymbol{e}_3\right) & \left(\text{上式取}\boldsymbol{a}_i\text{为}\boldsymbol{e}_i\text{时}\right)\\ e_{ijk}A_{jk}=0 & \left(\text{当}A_{jk}=A_{kj}\text{时}\right)\end{cases} \tag{1.2.9}$$

当幺正基 $\boldsymbol{e}_i$ 组成右手系时,利用解析几何中两个矢量叉乘的定义,有如下9个恒等式:

$$\begin{cases}\boldsymbol{e}_1\times\boldsymbol{e}_2=\boldsymbol{e}_3 & \boldsymbol{e}_2\times\boldsymbol{e}_3=\boldsymbol{e}_1 & \boldsymbol{e}_3\times\boldsymbol{e}_1=\boldsymbol{e}_2\\ \boldsymbol{e}_2\times\boldsymbol{e}_1=-\boldsymbol{e}_3 & \boldsymbol{e}_3\times\boldsymbol{e}_2=-\boldsymbol{e}_1 & \boldsymbol{e}_1\times\boldsymbol{e}_3=-\boldsymbol{e}_2\\ \boldsymbol{e}_1\times\boldsymbol{e}_1=0 & \boldsymbol{e}_2\times\boldsymbol{e}_2=0 & \boldsymbol{e}_3\times\boldsymbol{e}_3=0\end{cases}$$

利用置换记号 e_{ijk} ,可将这9个恒等式统一地写为

$$\begin{cases}\boldsymbol{e}_i\times\boldsymbol{e}_j=e_{ijk}\boldsymbol{e}_k & (i=1, 2, 3 \quad j=1, 2, 3)\\ \boldsymbol{e}_i=\dfrac{1}{2}e_{ijk}\boldsymbol{e}_j\times\boldsymbol{e}_k & (i=1, 2, 3)\end{cases} \tag{1.2.10}$$

利用前面的公式,还可以求出任意2个矢量 $\boldsymbol{a}$ 和 $\boldsymbol{b}$ 的点积、叉积以及任意3个矢量 $\boldsymbol{a}$ 、$\boldsymbol{b}$ 、$\boldsymbol{c}$ 的混合乘积的表达式。对点积,有

$$\boldsymbol{a}\cdot\boldsymbol{b}=a_i\boldsymbol{e}_i\cdot b_j\boldsymbol{e}_j=a_ib_j\delta_{ij}=a_ib_i$$

即

$$\boldsymbol{a}\cdot\boldsymbol{b}=a_ib_i \tag{1.2.11}$$

对叉积，有

$$\boldsymbol{a}\times\boldsymbol{b}=(a_i\boldsymbol{e}_i)\times(b_j\boldsymbol{e}_j)=a_ib_je_{ijk}\boldsymbol{e}_k$$

即

$$\begin{cases}\boldsymbol{a}\times\boldsymbol{b}=a_ib_je_{ijk}\boldsymbol{e}_k\\(\boldsymbol{a}\times\boldsymbol{b})_k=a_ib_je_{ijk}=e_{kij}a_ib_j\end{cases} \tag{1.2.12}$$

对混合积，有

$$\boldsymbol{a}(\boldsymbol{b}\times\boldsymbol{c})=a_i\boldsymbol{e}_i(b_j\boldsymbol{e}_j\times c_k\boldsymbol{e}_k)=a_ib_jc_ke_{ijk}$$

即

$$\boldsymbol{a}\cdot(\boldsymbol{b}\times\boldsymbol{c})=a_ib_jc_ke_{ijk} \tag{1.2.13}$$

利用置换记号 e_{ijk} 还可以将任意一个 3×3 矩阵 $\boldsymbol{A}$ 的行列式之值 $\|\boldsymbol{A}\|$ 写为

$$\|\boldsymbol{A}\|=e_{ijk}A_{i1}A_{j2}A_{k3} \tag{1.2.14}$$

根据行标和列标对等的性质，显然将式(1.2.14)中的 $e_{ijk}A_{i1}A_{j2}A_{k3}$ 改为 $e_{ijk}A_{1i}A_{2j}A_{3k}$ 时公式也是成立的，而且将指标123改为231或312时公式也是成立的，所以可认为(1.2.14)代表了6个公式。此外，容易证明如下的恒等式成立：

$$e_{lmn}\|\boldsymbol{A}\|=e_{ijk}A_{il}A_{jm}A_{kn} \tag{1.2.15}$$

事实上，当 lmn 为123的正序时，根据(1.2.14)，公式(1.2.15)左右两端都等于 $\|\boldsymbol{A}\|$；当 lmn 为123的逆序时，(1.2.15)两端都等于 $-\|\boldsymbol{A}\|$，因为右端恰好是将 $\|\boldsymbol{A}\|$ 的两列交换次序；其他情况下，其左端为0，右端为二列相同或三列相同的行列式，其值也为0，故公式(1.2.15)总是成立。

在 e_{ijk} 和 δ_{ij} 之间存在着如下的所谓 e~δ 恒等式：

$$e_{ijk}e_{lmk}=\delta_{il}\delta_{jm}-\delta_{im}\delta_{jl} \tag{1.2.16}$$

对 e~δ 恒等式所包含的 $3^4=81$ 个恒等式(i,j,l,m 都是自由指标)，可以采用直接验证的方法证明，也可分类证明。事实上，当 $i=j$ 或 $l=m$ 时，易见其左右二端都等于0；当 $i\neq j$ 且 $l\neq m$ 时，不妨设 $i=1,j=2$，此时对 $l=1,m=2$，其左右二端都等于1，对 $l=2,m=1$，其二端都等于−1，对 (l,m)=(1,3)(3,1)(2,3)(3,

2)时，其二端都等于0，故(1.2.16)总成立。当然，亦可用其他方法证明。例如，根据 e_{ijk} 的定义及其式(1.2.7)有

$$e_{ijk}e_{lmk}=\begin{Vmatrix}\delta_{il} & \delta_{im} & \delta_{ik}\\ \delta_{jl} & \delta_{jm} & \delta_{jk}\\ \delta_{kl} & \delta_{km} & \delta_{kk}\end{Vmatrix} \tag{1.2.17}$$

将右端的行列式展开，并利用 δ_{ij} 的定义和改换指标的作用则不难得出公式(1.2.16)。

利用公式(1.2.11)(1.2.12)(1.2.13)和 $e\sim\delta$ 恒等式，可以很方便地证明矢量代数中的很多公式：

$$\boldsymbol{a}\times(\boldsymbol{b}\times\boldsymbol{c})=\boldsymbol{b}(\boldsymbol{c}\cdot\boldsymbol{a})-\boldsymbol{c}(\boldsymbol{a}\cdot\boldsymbol{b}) \tag{1.2.18}$$

$$(\boldsymbol{a}\times\boldsymbol{b})\cdot(\boldsymbol{c}\times\boldsymbol{d})=(\boldsymbol{a}\cdot\boldsymbol{c})(\boldsymbol{b}\cdot\boldsymbol{d})-(\boldsymbol{a}\cdot\boldsymbol{d})(\boldsymbol{b}\cdot\boldsymbol{c}) \tag{1.2.19}$$

以公式(1.2.18)的证明为例，有

$$\begin{aligned}\left[\boldsymbol{a}\times(\boldsymbol{b}\times\boldsymbol{c})\right]_i &= e_{ijk}a_j(\boldsymbol{b}\times\boldsymbol{c})_k=e_{ijk}a_je_{kmn}b_mc_n=e_{ijk}e_{kmn}a_jb_mc_n=\left(\delta_{im}\delta_{jn}-\delta_{jm}\delta_{in}\right)a_jb_mc_n\\ &=a_jb_ic_j-a_jb_jc_i=(\boldsymbol{c}\cdot\boldsymbol{a})b_i-(\boldsymbol{a}\cdot\boldsymbol{b})c_i=\left[(\boldsymbol{c}\cdot\boldsymbol{a})\boldsymbol{b}-(\boldsymbol{a}\cdot\boldsymbol{b})\boldsymbol{c}\right]_i\end{aligned}$$

证明过程中先后用到了矢量叉积的计算公式(1.2.12)、$e\sim\delta$ 恒等式(1.2.16)以及矢量点积的计算公式(1.2.11)。

1.3 坐标变换和笛卡尔张量的解析定义

1.3.1 基变换和坐标变换

如前所述，自然界中的各类物理量通常都是客观的，与坐标系的选取无关。但是为了更清楚地认识它们，从量的角度描述它们，了解各类物理量的异同点和相互联系并进行运算，人们常借助于一定的坐标系。这不但不违背物理量的客观实在性，相反还使我们对它们的客观实在性有了更深刻、更具体的认识。由于坐标系可以有不同的选择方法，所以客观的物理量在不同的坐标系中将会有不同的“表象”，而且这种同一物理量在不同坐标系中不同表象间的关系，应该和表示不同坐标系间坐标变换的关系之间存在某种必然、确定的联系，只有揭示出同一物理量在不同坐标系中表象间的关系对坐标变换关系的依赖性，才能真正说明这个物理量的客观性。因此，我们有两个任务：第一是给出代

表不同选择的坐标系间的所谓坐标变换的表示方法;第二是给出各类客观物理量在一定的坐标变换之下,其表象间的确定关系,后者也就是给出了张量的解析定义。

众所周知,笛卡尔坐标系间的坐标变换包括坐标原点的平移和坐标轴的旋转或反射,而平移不改变各类物理量的表象(这在矢量的情形中是读者所熟知的),故我们只研究坐标系的旋转和反射。设 $o\bar{x}_1\bar{x}_2\bar{x}_3$ 和 $ox_1x_2x_3$ 分别代表新旧直角笛卡尔坐标系,其相应的幺正基为 $\bar{e}_i$ 和 e_i,如图 1-1 所示。新基矢 $\bar{\boldsymbol{e}}_i$ 以旧基矢 $\boldsymbol{e}_j$ 的线性组合表达,其线性分解系数以 β_{ij} 表示,如表 1-1,则可写出幺正基矢间的变换关系:

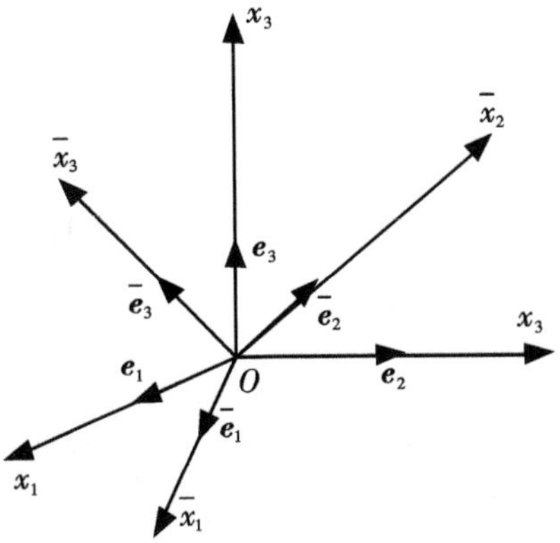

图 1-1　新旧坐标系

表 1-1　幺正基变换

	$\boldsymbol{e}_1$	$\boldsymbol{e}_2$	$\boldsymbol{e}_3$
$\bar{\boldsymbol{e}}_1$	β_{11}	β_{12}	β_{13}
$\bar{\boldsymbol{e}}_2$	β_{21}	β_{22}	β_{23}
$\bar{\boldsymbol{e}}_3$	β_{31}	β_{32}	β_{33}

$$\bar{\boldsymbol{e}}_i = \beta_{ij}\boldsymbol{e}_j \ (i = 1, 2, 3) \tag{1.3.1}$$

将(1.3.1)两端与 $\boldsymbol{e}_k$ 进行点积,并利用 $\boldsymbol{e}_j \cdot \boldsymbol{e}_k = \delta_{jk}$,即得

$$\bar{\boldsymbol{e}}_i \cdot \boldsymbol{e}_k = \beta_{ij}\boldsymbol{e}_j \cdot \boldsymbol{e}_k = \beta_{ij}\delta_{jk} = \beta_{ik}$$

即

$$\beta_{ij} = \bar{\boldsymbol{e}}_i \cdot \boldsymbol{e}_j \ (i = 1, 2, 3;\ j = 1, 2, 3) \tag{1.3.2}$$

即 β_{ij} 恰是新旧基矢 $\bar{\boldsymbol{e}}_i$ 和 $\boldsymbol{e}_j$ 间夹角的方向余弦。故又有

$$\boldsymbol{e}_i = (\boldsymbol{e}_i \cdot \bar{\boldsymbol{e}}_j)\bar{\boldsymbol{e}}_j = \beta_{ji}\bar{\boldsymbol{e}}_j$$

将此式与(1.3.1)合写为一起,即

$$\begin{cases} \bar{\boldsymbol{e}}_i = \beta_{ij}\boldsymbol{e}_j \\ \boldsymbol{e}_i = \beta_{ji}\bar{\boldsymbol{e}}_j = \beta_{ij}^T\bar{\boldsymbol{e}}_j \end{cases} (i = 1, 2, 3) \tag{1.3.3}$$

其中，$\boldsymbol{\beta}^T$ 表示旧基矢到新基矢的变换系数矩阵 $\boldsymbol{\beta}$ 的转置矩阵，β_{ij}^T 是矩阵 $\boldsymbol{\beta}^T$ 的第 i 行第 j 列元素。另一方面，将(1.3.3)的第一式作为旧基矢 $\boldsymbol{e}_j$ 的线性代数方程组反解之，即可得

$$\boldsymbol{e}_i = \beta_{ij}^{-1}\bar{\boldsymbol{e}}_j \tag{1.3.4}$$

其中 $\boldsymbol{\beta}^{-1}$ 表示 $\boldsymbol{\beta}$ 的逆矩阵。事实上，将(1.3.3)中第一式两端同乘以 β_{ki}^{-1}（矩阵 $\boldsymbol{\beta}^{-1}$ 的第 k 行第 i 列元素）便有

$$\beta_{ki}^{-1}\bar{\boldsymbol{e}}_i = \beta_{ki}^{-1}\beta_{ij}\boldsymbol{e}_j = \delta_{kj}\boldsymbol{e}_j = \boldsymbol{e}_k$$

即得

$$\boldsymbol{e}_i = \beta_{ij}^{-1}\bar{\boldsymbol{e}}_j \tag{1.3.5}$$

对比(1.3.3)的第二式和(1.3.5)可见，联系新旧幺正基矢的变换系数矩阵 $\boldsymbol{\beta}$ 为正交矩阵，这可以表达为

$$\begin{cases}\boldsymbol{\beta}^T = \boldsymbol{\beta}^{-1}\\ \boldsymbol{\beta}\cdot\boldsymbol{\beta}^T = \boldsymbol{I} = \boldsymbol{\beta}^T\cdot\boldsymbol{\beta}\end{cases} \tag{1.3.6}$$

其中，$\boldsymbol{I}$ 为单位矩阵，而记号“·”表示矩阵相乘，这种记法与线性代数中把两个矩阵并在一起表示矩阵相乘的记号是有区别的，之所以这样做是因为将二阶张量与矩阵建立一一对应的关系时，线性代数中矩阵的乘积恰好与矩阵所代表的两个二阶张量的点积“·”相对应，而将两个与矩阵对应的二阶张量并列在一起则表示两个二阶张量的外积（见下一节）。将式(1.3.6)改为指标记法，可写为

$$\beta_{ik}\beta_{jk} = \delta_{ij} = \beta_{ki}\beta_{kj} \quad [\beta_{ik}][\beta_{jk}] = [\delta_{ij}] = [\beta_{ki}][\beta_{kj}] \tag{1.3.7}$$

对(1.3.6)中第二式两边取行列式得

$$\|\boldsymbol{\beta}\|\|\boldsymbol{\beta}^T\| = \|\boldsymbol{\beta}\|^2 = 1 \tag{1.3.8}$$

即 $\|\boldsymbol{\beta}\| = \pm 1$，这表明正交矩阵的行列式等于+1或−1。我们分别称行列式为+1和−1的正交矩阵为“正则”(Proper)和“非正则”(Improper)正交矩阵。可以证明，在几何上正则正交矩阵代表旋转，非正则正交矩阵则代表反射。事实上，有

$$\begin{aligned}\bar{\boldsymbol{e}}_1(\bar{\boldsymbol{e}}_2\times\bar{\boldsymbol{e}}_3) &= \beta_{1i}\boldsymbol{e}_i(\beta_{2j}\boldsymbol{e}_j\times\beta_{3k}\boldsymbol{e}_k) = \beta_{1i}\beta_{2j}\beta_{3k}\boldsymbol{e}_i(\boldsymbol{e}_j\times\boldsymbol{e}_k)\\ &= \beta_{1i}\beta_{2j}\beta_{3k}e_{ijk}\boldsymbol{e}_1(\boldsymbol{e}_2\times\boldsymbol{e}_3) = \|\boldsymbol{\beta}\|\boldsymbol{e}_1(\boldsymbol{e}_2\times\boldsymbol{e}_3)\end{aligned}$$

即

$$\|\boldsymbol{\beta}\| = \frac{\bar{\boldsymbol{e}}_1(\bar{\boldsymbol{e}}_2 \times \bar{\boldsymbol{e}}_3)}{\boldsymbol{e}_1(\boldsymbol{e}_2 \times \boldsymbol{e}_3)} \tag{1.3.9}$$

式(1.3.9)即说明了上述论断:因为当 $\boldsymbol{e}_i$ 和 $\bar{\boldsymbol{e}}_i$ 同定向,即同为右手系或同为左手系时(旋转变换),$\|\boldsymbol{\beta}\|=1$,当 $\boldsymbol{e}_i$ 和 $\bar{\boldsymbol{e}}_i$ 反定向时(反射变换),$\|\boldsymbol{\beta}\|=-1$。今后我们一般只讨论代表旋转的正则的幺正基变换,而且一般只讨论新旧幺正基都是右手系的正则正交变换。

我们称(1.3.1)为笛卡尔坐标系下的基变换。空间中同一点新旧笛卡尔坐标 $\bar{x}_i$ 和 x_i 间的变换公式即坐标变换式,在形式上和基变换式(1.3.1)完全相同。因此可以得出结论:由幺正基到幺正基的线性变换,或由直角笛卡尔坐标到直角笛卡尔坐标的线性变换是正交变换,即其系数矩阵是正交矩阵。

1.3.2　张量的解析定义

为了引入张量的概念,我们先从读者所熟悉的矢量出发,并以一种很自然的方式加以推广。在解析几何中,曾把矢量定义为有向线段,为了给引入矢量的解析定义奠定基础,我们来看一下任意矢量 $\boldsymbol{a}$ 在直角笛卡尔坐标系的基变换(1.3.1)之下,其新旧表象(即新旧笛卡尔分量)之间有什么关系。分别以 $\bar{\boldsymbol{a}}_i$ 和 $\boldsymbol{a}_i$ 表示矢量 $\boldsymbol{a}$ 在新旧笛卡尔坐标系中的分量,则由公式(1.3.5)及(1.3.1),有

$$\begin{cases} \bar{a}_i = \boldsymbol{a}\cdot\bar{\boldsymbol{e}}_i = \boldsymbol{a}\cdot\boldsymbol{\beta}_{ij}\boldsymbol{e}_j = \boldsymbol{\beta}_{ij}\boldsymbol{a}_j \\ a_i = \boldsymbol{a}\cdot\boldsymbol{e}_i = \boldsymbol{a}\cdot\boldsymbol{\beta}_{ji}\bar{\boldsymbol{e}}_j = \boldsymbol{\beta}_{ji}\bar{\boldsymbol{a}}_j \end{cases} \quad (i=1,2,3) \tag{1.3.10}$$

今后我们规定以列阵和矢量相对应,则(1.3.10)也可按矩阵写法写为

$$\begin{cases} \bar{\boldsymbol{a}} = \boldsymbol{\beta}\cdot\boldsymbol{a} \\ \boldsymbol{a} = \boldsymbol{\beta}^T\cdot\bar{\boldsymbol{a}} \end{cases} \qquad \begin{cases} [\bar{a}_i] = [\beta_{ij}][a_j] \\ [a_i] = [\beta_{ij}]^{\mathrm{T}}[\bar{a}_j] \end{cases} \quad (i=1,2,3) \tag{1.3.11}$$

其中 $\bar{\boldsymbol{a}}$ 和 $\boldsymbol{a}$ 分别表示由 $\bar{a}_i$ 和 a_i 排成的列阵。

公式(1.3.10)是在基变换之下联系任意矢量 $\boldsymbol{a}$ 的新旧笛卡尔分量 $\bar{a}_i$ 和 a_j 的变换公式,它既给出了矢量 $\boldsymbol{a}$ 新旧表象变换关系对基变换的确定依赖性,也揭示了矢量 $\boldsymbol{a}$ 客观实在性的量的特征,故我们可以抛弃有向线段的几何定义,而把公式(1.3.10)作为矢量的解析定义。在明确此定义之前,顺便指出,当取矢量 $\boldsymbol{a}$ 为空间中任一点 A 相对于坐标原点 O 的位置矢量 $\boldsymbol{x}=\overline{OA}$,并以 x_i 和 $\bar{x}_i$ 分别表示点 A 的新旧笛卡尔坐标(即矢量 $\boldsymbol{x}$ 的新旧笛卡尔分量)时,则有

$$\begin{cases}\bar{x}_i=\beta_{ij}x_j\\ x_i=\beta_{ji}\bar{x}_j\end{cases} \tag{1.3.12}$$

这便是笛卡尔坐标变换的公式。如前所述，它在形式上和基变换(1.3.1)是完全类似的。由于(1.3.12)是线性变换，所以显然有

$$\beta_{ij}=\frac{\partial\bar{x}_i}{\partial x_j}=\frac{\partial x_j}{\partial\bar{x}_i} \tag{1.3.13}$$

定义 1：设在空间中有(1.3.1)或(1.3.12)相联系的两组直角笛卡尔坐标系 x_i 和 $\bar{x}_i$，而与这两组坐标系相关联，分别有一组 3 个数的集合（三维空间的一阶系统）a_i 和 $\bar{a}_i$，它们之间由公式(1.3.10)相联系，则称这两组量 a_i 或 $\bar{a}_i$ 定义了一个笛卡尔矢量 $\boldsymbol{a}$，并分别称 a_i 和 $\bar{a}_i$ 为矢量 $\boldsymbol{a}$ 在坐标系 x_i 和 $\bar{x}_i$ 的笛卡尔分量。

以上关于矢量的解析定义(1.3.10)中，基变换或坐标变换的正交过渡矩阵 β_{ij} 只出现一次，规定了只有一个指标的一阶系统 a_i 的张量特征，故我们将矢量称之为一阶张量。类似地，我们可以将具有如下特征的二阶系统 A_{ij} 定义为二阶笛卡尔张量。

定义 2：设在空间中有(1.3.1)或(1.3.12)相联系的两组直角笛卡尔坐标系 x_i 和 $\bar{x}_i$，而与这两组坐标系相关联分别有一组 3^2 个数的集合（三维空间的二阶系统）A_{ij} 和 $\bar{A}_{ij}$，它们之间由如下的双线性齐次正交变换(1.3.14)相联系：

$$\begin{cases}\bar{A}_{ij}=\beta_{il}\beta_{jm}A_{lm}\\ A_{ij}=\beta_{li}\beta_{mj}\bar{A}_{lm}\end{cases} \tag{1.3.14}$$

则称这二组量 A_{ij} 或 $\bar{A}_{ij}$ 定义了一个二阶笛卡尔张量 $\boldsymbol{A}$，并把 A_{ij} 和 $\bar{A}_{ij}$ 分别称为二阶张量 $\boldsymbol{A}$ 在坐标系 x_i 和 $\bar{x}_i$ 中的笛卡尔分量。

如果按照我们前面所规定的矩阵记法来写，则公式(1.3.14)可以写为

$$\begin{cases}\bar{A}=\boldsymbol{\beta}\cdot A\cdot\boldsymbol{\beta}^T\\ A=\boldsymbol{\beta}^T\cdot A\cdot\boldsymbol{\beta}\end{cases}\qquad\begin{cases}[\bar{A}_{ij}]=[\beta_{il}][A_{lm}][\beta_{mj}]^T\\ [A_{ij}]=[\beta_{il}]^T[\bar{A}_{lm}][\beta_{mj}]\end{cases} \tag{1.3.15}$$

类似地，我们可以与坐标系 x_i 和 $\bar{x}_i$ 相关联，由 $3^3=27$ 个数的集合（三维空间的三阶系统）A_{ijk} 和 $\bar{A}_{ijk}$、$3^4=81$ 个数组成的集合（三维空间的四阶系统）A_{ijkl} 和 $\bar{A}_{ijkl}$、3^n 个数的集合（三维空间中的 n 阶系统）$A_{i\ldots}$ 和 $\bar{A}_{i\ldots}$ 定义所谓的三阶、四阶乃至 n 阶笛卡尔张量，并把 $\bar{A}_{i\ldots}$ 和 $A_{i\ldots}$ 分别称为该张量在新旧笛卡尔坐标系中的分量，它们之间满足以(1.3.2)中的正交矩阵 $\boldsymbol{\beta}$ 为系数的三阶、四阶乃至 n 阶

齐次线性变换规律。例如三阶笛卡尔张量 $\boldsymbol{A}$ 将由联系新旧分量 $\bar{A}_{ijk}$ 和 A_{ijk} 间的如下式所定义：

$$\begin{cases}\bar{A}_{ijk}=\beta_{il}\beta_{jm}\beta_{nk}A_{lmn}\\A_{ijk}=\beta_{li}\beta_{mj}\beta_{nk}\bar{A}_{lmn}\end{cases}\tag{1.3.16}$$

按照上面的方法，除了可把矢量称为一阶张量之外，可把其值与坐标系选取无关的任何数量或标量 Φ 称之为0阶张量，作为0阶系统，它有 $3^0=1$ 个数，在任何坐标系中具有不变的值：

$$\bar{\Phi}=\Phi\tag{1.3.17}$$

力学及其他自然科学中，张量具有特殊重要的理论和应用价值。常见的标量有长度、面积、体积、质量、密度、能量等；一阶张量有质点速度、力、力矩、应力矢量等，二阶张量有应力张量、速度梯度张量、位移梯度张量等，三阶张量有应力梯度张量、应变梯度张量等，四阶张量有弹性模量张量、柔度张量等，这些量将在本书的不同章节中出现。

必须指出，这里是在三维欧几里得空间给出了0阶、一阶、二阶乃至 n 阶张量的定义，它们在任一直角笛卡尔坐标系中的表象（即笛卡尔分量），分别由 3^0、3^1、3^2、3^n 个数的集合所组成。类似地，可以在 m 维欧几里得空间中定义 n 阶张量，它们的表象将由 m^n 个数的集合（即 m 维空间中的 n 阶系统）所组成。此时，求和约定中指标历遍取值的范围将是从1至 m 。

由此可见，并不是任意的一组数的集合（或某阶系统）都可以称之为张量，它们要组成一个张量，其在不同坐标系中的表象间必须满足确定的变换法则，即张量解析定义所规定的变换公式。验证一个量是否是张量，最直接的方法就是检验这个量在坐标变换之下，其不同坐标系中的表象间是否满足解析定义所规定的变换法则，这在下一节有关张量代数的内容中以及其他章节将会给出许多具体例子。

作为最简单的例子，我们来证明以下两个最常用的量为张量。在任何笛卡尔坐标系中，取值为Kronecker记号或置换记号的量分别是二阶和三阶笛卡尔张量。事实上，显然有

$$\beta_{il}\beta_{jm}\delta_{lm}=\beta_{il}\beta_{jl}=\delta_{ij}=\bar{\delta}_{ij}\tag{1.3.18}$$

$$\beta_{il}\beta_{jm}\beta_{kn}e_{lmn}=e_{ijk}\|\boldsymbol{\beta}\|=e_{ijk}=\bar{e}_{ijk}\tag{1.3.19}$$

式(1.3.18)和(1.3.19)证明了我们的论断。今后我们称 δ_{ij} 为欧几里得空间中的

单位张量或度量张量，e_{ijk} 为欧几里得空间中的置换张量。当然，(1.3.19)成立只限于正则正交变换，而对非正则正交变换则将差一符号，人们常常把在非正则正交变换之下改变符号的张量称之为伪张量。

1.4 张量代数运算

张量的一切代数运算以及将来要讲的张量求导和积分运算基本原则是保持张量运算的封闭性，即由张量运算所得的新量仍应是张量。由于本书只讲笛卡尔张量，故一般情况下省去"笛卡尔"这一限定词。

1.4.1 张量乘以标量、同阶张量的和(差)、同阶张量的线性组合

任意一个张量乘以标量 λ，得到一新的同阶张量，其分量等于原张量相应分量的 λ 倍。例如标量 $\boldsymbol{\Phi}$、矢量 $\boldsymbol{a}$、二阶张量 $\boldsymbol{A}$ 的 λ 倍将分别得到一新的标量 $\lambda\boldsymbol{\Phi}$、矢量 $\lambda\boldsymbol{a}$、二阶张量 $\lambda\boldsymbol{A}$，其分量分别为 $\lambda\boldsymbol{\Phi}$，λa_i，λA_{ij} 等。

任意两个同阶张量相加(减)将得到一个新的同阶张量，其分量等于原张量相应分量的和(差)。例如二阶张量 $\boldsymbol{A}$ 和 $\boldsymbol{B}$ 的和与差将分别是一新的二阶张量 $\boldsymbol{C}=\boldsymbol{A}+\boldsymbol{B}$ 与 $\boldsymbol{D}=\boldsymbol{A}-\boldsymbol{B}$，其分量分别是 $C_{ij}=A_{ij}+B_{ij}$ 和 $D_{ij}=A_{ij}-B_{ij}$。

将以上两种运算相结合并推广即可定义：任意 n 个同阶张量 $\boldsymbol{A}$、$\boldsymbol{B}$、$\boldsymbol{C}\cdots$，由 n 个标量 $\lambda,\mu,\nu\cdots$ 所作的线性组合是一个新的同阶张量 $\boldsymbol{M}=\lambda\boldsymbol{A}+\mu\boldsymbol{B}+\nu\boldsymbol{C}+\cdots$，其分量是原张量相应分量的同型线性组合：

$$M_{ij}=\lambda A_{ij}+\mu B_{ij}+\nu C_{ij}\cdots \tag{1.4.1}$$

证明以上各种运算所得的新量是张量很容易，我们以两个二阶张量 A_{ij} 和 B_{ij} 的和 C_{ij} 确实为二阶张量为例来说明。由于 A_{ij} 和 B_{ij} 为二阶张量，故在坐标变换(1.3.5)之下，其新旧分量间的变换公式为

$$\begin{cases}\bar{A}_{ij}=\beta_{il}\beta_{jm}A_{lm}\\ \bar{B}_{ij}=\beta_{il}\beta_{jm}B_{lm}\end{cases}$$

故

$$\bar{C}_{ij}=\bar{A}_{ij}+\bar{B}_{ij}=\beta_{il}\beta_{jm}A_{lm}+\beta_{il}\beta_{jm}B_{lm}=\beta_{il}\beta_{jm}(A_{lm}+B_{lm})=\beta_{il}\beta_{jm}C_{lm}$$

此式说明 $C_{ij}=A_{ij}+B_{ij}$ 确实为二阶张量。其他各量的张量特性的证明相类似，不再一一写出。

1.4.2　二阶张量的转置(Transpose)

定义2: 设 $\boldsymbol{T}$ 为一个二阶张量，$\boldsymbol{S}$ 为另一个二阶张量，其笛卡尔分量分别是 T_{ij} 和 S_{ij}，如果有 $S_{ij}=T_{ji}$，则称二阶张量 $\boldsymbol{S}$ 为 $\boldsymbol{T}$ 的转置张量，记为 $\boldsymbol{S}=\boldsymbol{T}^T$。

由其定义显然可见，两个二阶张量的转置是相互的，即如果 $\boldsymbol{S}=\boldsymbol{T}^{\mathrm{T}}$ 则 $\boldsymbol{T}=\boldsymbol{S}^T$；而且，对张量的转置张量再转置后将成为原张量，即 $\left(\boldsymbol{T}^T\right)^T=\boldsymbol{T}$。

定义3: 如果二阶张量 $\boldsymbol{T}$ 具有性质 $\boldsymbol{T}^T=\boldsymbol{T}$，则称其为二阶对称张量(Symmetric Tensor)，即对二阶对称张量有

$$\boldsymbol{T}^T=\boldsymbol{T}, T_{ij}=T_{ji} \tag{1.4.2}$$

因此二阶对称张量只有6个独立的分量，二阶对称笛卡尔张量可与二阶对称矩阵建立一一对应的关系。

定义4: 如果二阶张量 $\boldsymbol{W}$ 具有性质 $\boldsymbol{W}^T=-\boldsymbol{W}$，则称张量 $\boldsymbol{W}$ 为二阶反对称张量(Anti-Symmetric or Skew Tensor)，对二阶反对称张量有

$$\boldsymbol{W}^T=-\boldsymbol{W}\ ,\ W_{ij}=-W_{ji}\ ,\ W_{11}=W_{22}=W_{33}=0 \tag{1.4.3}$$

即二阶反对称张量的对角元素为0，而非对角元素满足反对称关系，只有3个不为0的独立分量，故二阶反对称张量可以对应一个笛卡尔矢量 $\boldsymbol{\omega}$。事实上，设 $\boldsymbol{W}$ 为反对称张量，则可按下式引入一个一阶系统 ω_i：

$$\begin{bmatrix} W_{11} & W_{12} & W_{13} \\ W_{21} & W_{22} & W_{23} \\ W_{31} & W_{32} & W_{33} \end{bmatrix}=\begin{bmatrix} 0 & W_{12} & -W_{31} \\ -W_{12} & 0 & W_{23} \\ W_{31} & -W_{23} & 0 \end{bmatrix}=\begin{bmatrix} 0 & -\omega_3 & \omega_2 \\ \omega_3 & 0 & -\omega_1 \\ -\omega_2 & \omega_1 & 0 \end{bmatrix} \tag{1.4.4}$$

其中

$$\begin{cases} \omega_1=-W_{23} \\ \omega_2=-W_{31} \\ \omega_3=-W_{12} \end{cases} \tag{1.4.5}$$

即

$$\begin{cases} \omega_i=-\dfrac{1}{2}e_{ijk}W_{jk} \\ W_{ij}=-e_{ijk}\omega_k \end{cases} \tag{1.4.6}$$

由于已证 e_{ijk} 为三阶张量，而已知 W_{jk} 为二阶张量，所以从(1.4.6)出发，利用张量的解析定义，容易证明(读者可作为练习证明)：通过式(1.4.6)第一式所确定的与二阶反对称张量 W_{ij} 对应的一阶系统 ω_i 确实为矢量。反之，通过(1.4.6)

第二式所确定的与矢量 $\boldsymbol{\omega}_k$ 所对应的二阶系统 W_{ij} 必为二阶反对称张量。所以我们可以说，二阶反对称张量 W_{ij} 与矢量 $\boldsymbol{\omega}_i$ 间有着一一对应的关系。这一结果也可以视为下一节要讲的张量识别定理的特例。

1.4.3 张量的缩并(Contraction)

定义5: 令一个二阶或二阶以上的张量的两个指标相同而成为哑标，并按求和约定求和而得到一新张量的运算称为张量的缩并。

容易证明，由一个张量任意两指标缩并所得的新的量确实是一个张量，其阶数比原张量的阶数低2。例如，我们可以由四阶张量 $\boldsymbol{A}$ 按不同指标缩并而得出如下一些新的二阶张量：

$$A_{imjm}=B_{ij}\ ,\ A_{immj}=C_{ij}\ ,\ A_{ijmm}=D_{ij}\ ,\ A_{mijm}=E_{ij}\ ,\ A_{mimj}=F_{ij}\ ,\ A_{mmij}=G_{ij} \tag{1.4.7}$$

当然，在一般情况下，它们是不同的二阶张量。

特别地，对二阶张量 $\boldsymbol{T}$ 的两个指标进行一次缩并可得一个0阶张量，即标量 Φ：

$$T_{mm}=\Phi \tag{1.4.8}$$

作为例子，我们来证明由二阶张量 $\boldsymbol{T}$ 按(1.4.8)缩并所得的量 Φ 确实为标量。事实上，在新旧坐标系中按映射关系(1.4.8)分别定义 $\bar{\Phi}$ 和 Φ 之后，利用 $\boldsymbol{T}$ 的二阶张量特性，我们有

$$\bar{\Phi}=\bar{T}_{mm}=\beta_{mr}\beta_{ms}T_{rs}=\delta_{rs}T_{rs}=T_{rr}=\Phi \tag{1.4.9}$$

式(1.4.9)说明(1.4.8)所定的量 Φ 确实为标量。对张量缩并所得新量确实为张量的其他情况证明，方法都是类似的，请读者练习证明(1.4.7)所定义的各量确实为二阶张量。

1.4.4 张量的乘积(或外积)

定义6: 任意二张量的乘积或外积是一新的张量，其阶数为二相乘因子张量的阶数之和，其分量为二因子张量的相应分量的乘积。

例如，设 $\boldsymbol{A}$ 和 $\boldsymbol{B}$ 为二阶张量，$\boldsymbol{a}$ 为矢量，则可定义一新的四阶张量 $\boldsymbol{C}$ 为 $\boldsymbol{A}$ 和 $\boldsymbol{B}$ 的外积，记为 $\boldsymbol{C}=\boldsymbol{AB}$；定义一新的三阶张量 $\boldsymbol{D}$ 为 $\boldsymbol{a}$ 和 $\boldsymbol{A}$ 的外积，记为 $\boldsymbol{D}=\boldsymbol{aA}$，其分量 C_{ijkl} 和 D_{ijk} 分别由下式给出：

$$\begin{cases} \boldsymbol{C}=\boldsymbol{A}\boldsymbol{B} & C_{ijkl}=A_{ij}B_{kl} \\ \boldsymbol{D}=\boldsymbol{a}\boldsymbol{A} & D_{ijk}=a_iA_{jk} \end{cases} \tag{1.4.10}$$

由张量的解析定义出发，不难证明上两式中所定义的量 C_{ijkl} 和 D_{ijk} 确实分别为四阶和三阶张量，读者可作为练习证明。

张量外积最重要的情况是当两个因子张量都是一阶张量(即矢量)的情况，此时我们可以由二矢量 $\boldsymbol{a}$ 和 $\boldsymbol{b}$ 进行外积而得出一个二阶张量 $\boldsymbol{C}=\boldsymbol{ab}$ 。由于它有特殊的重要性，故特将之称为矢量 $\boldsymbol{a}$ 和 $\boldsymbol{b}$ 的并矢(Dyad)张量：

$$C_{ij}=a_ib_j \tag{1.4.11}$$

容易证明由(1.4.11)所确定的二阶系统 C_{ij} 确实为二阶张量。事实上，当由映射关系(1.4.11)分别在新旧坐标系中定义 $\bar{C}_{ij}$ 和 C_{ij} 之后，再利用 $\boldsymbol{a}$ 和 $\boldsymbol{b}$ 的矢量特性，我们便有

$$\bar{C}_{ij}=\bar{a}_i\bar{b}_j=\beta_{il}a_l\beta_{jm}b_m=\beta_{il}\beta_{jm}C_{lm} \tag{1.4.12}$$

式(1.4.12)即说明了 C_{ij} 确实为二阶张量。

由于对矢量 $\boldsymbol{a}$ 和 $\boldsymbol{b}$ 可分别有幺正基上的线性分解式：

$$\begin{cases} \boldsymbol{a}=a_i\boldsymbol{e}_i \\ \boldsymbol{b}=b_j\boldsymbol{e}_j \end{cases} \tag{1.4.13}$$

故利用(1.4.13)后可以把 $\boldsymbol{a}$ 和 $\boldsymbol{b}$ 并矢所得的二阶张量 $\boldsymbol{C}$ 表达为如下形式：

$$\boldsymbol{C}=\boldsymbol{ab}=a_ib_j\boldsymbol{e}_i\boldsymbol{e}_j=C_{ij}\boldsymbol{e}_i\boldsymbol{e}_j \tag{1.4.14}$$

公式(1.4.14)把两个矢量 $\boldsymbol{a}$ 和 $\boldsymbol{b}$ 并矢所得的二阶张量 $\boldsymbol{C}$ 表达成了9个基并矢 $\boldsymbol{e}_i\boldsymbol{e}_j$ 的线性组合，其分解系数为 C_{ij} ，这在形式上和矢量在基矢 $\boldsymbol{e}_i$ 上的线性分解式 $\boldsymbol{a}=a_i\boldsymbol{e}_i$ 是类似的，只不过张量 $\boldsymbol{C}$ 的阶数为2，其分解所依据的基本单位是基并矢 $\boldsymbol{e}_i\boldsymbol{e}_j$ 而已。由于任意二矢量的并矢都是二阶张量，故任意二基矢量的并矢(即基并矢) $\boldsymbol{e}_i\boldsymbol{e}_j$ 也是二阶张量(它的作用类似于一阶张量中基矢 $\boldsymbol{e}_i$)，其任意线性组合 $C_{ij}\boldsymbol{e}_i\boldsymbol{e}_j$ 也是二阶张量。因此，不仅对任意两个矢量所得的二阶张量 $\boldsymbol{C}$ 可有分解式(1.4.14)，而且可以把任意分量为 C_{ij} 的二阶张量 $\boldsymbol{C}$ 都按线性组合(1.4.14)写为 $\boldsymbol{C}=C_{ij}\boldsymbol{e}_i\boldsymbol{e}_j$ ，并将之称为二阶张量的并矢式(Dyadic)，它是矢量记法 $\boldsymbol{a}=a_i\boldsymbol{e}_i$ 的一个推广。

类似地，按张量外积定义知，三重基并矢 $\boldsymbol{e}_i\boldsymbol{e}_j\boldsymbol{e}_k$ 是三阶张量，于是可通过张量并矢式把分量为 D_{ijk} 的三阶张量记为

$$\boldsymbol{D}=D_{ijk}\boldsymbol{e}_i\boldsymbol{e}_j\boldsymbol{e}_k \tag{1.4.15}$$

依此类推直至任意阶的张量。习惯上常把矢量在基矢上分解的公式(1.4.13)对高阶张量的推广式(1.4.14)(1.4.15)等,即张量在基并矢上分解的并矢式称为张量的直接记法或并矢记法。张量的指标记法和直接记法各有优缺点,前者运算方便,后者容易使人看到高阶张量和矢量的联系,并便于以矢量运算为基础而引入高阶张量的相关运算,这在下面张量点积部分中可以看得更清楚。

需要指出的是,由张量外积的定义显然可见,对于张量外积这一运算而言,交换律一般是不成立的,但多个张量外积的结合律却是成立的,即

$$\begin{cases}\boldsymbol{AB}\neq\boldsymbol{BA}\\(\boldsymbol{AB})\boldsymbol{C}=\boldsymbol{A}(\boldsymbol{BC})\end{cases} \tag{1.4.16}$$

特别地,对矢量 $\boldsymbol{a}$ 和 $\boldsymbol{b}$ 的并矢,也对应地存在

$$\boldsymbol{ab}\neq\boldsymbol{ba}\ ,\ (\boldsymbol{ab})\boldsymbol{c}=\boldsymbol{a}(\boldsymbol{bc}) \tag{1.4.17}$$

另外,根据二阶张量转置的定义,显然我们有

$$(\boldsymbol{ab})^T=\boldsymbol{b}^T\boldsymbol{a}^T \tag{1.4.18}$$

1.4.5 张量的点积(或内积)

讨论过张量的缩并、张量的外积之后可以发现:任意二矢量 $\boldsymbol{a}$ 和 $\boldsymbol{b}$ 的点积相当于将 $\boldsymbol{a}$ 和 $\boldsymbol{b}$ 先进行外积,然后再对其乘积张量中的一对指标进行缩并。以张量的直接记法和矢量点积为基础表述,即先将 $\boldsymbol{a}$ 和 $\boldsymbol{b}$ 按直接记法表述、进行外积,然后再对其一对相邻的基矢进行点积:

$$\begin{cases}\boldsymbol{a}=a_i\boldsymbol{e}_i\\\boldsymbol{b}=b_j\boldsymbol{e}_j\end{cases} \tag{1.4.19}$$

$$\boldsymbol{a}\cdot\boldsymbol{b}=a_i\boldsymbol{e}_i\cdot b_j\boldsymbol{e}_j=a_ib_j\delta_{ij}=a_ib_i \tag{1.4.20}$$

将此种思想加以推广,可以引入任意二张量的点积如下:

将二张量写为直接记法做外积相乘,并对其一对相邻基矢进行点积而得到一新张量的运算称为二张量的(就近)点积,这是从直接记法的角度对张量点积的定义;或者将二张量的分量相乘并对其一对相邻指标进行缩并而得到一新张量的运算称为二张量的(就近)点积,这是从指标记法的角度对张量点积的定义。

例如,设 $\boldsymbol{A}$ 和 $\boldsymbol{B}$ 均为二阶张量,我们可以定义其(就近)点积张量 $\boldsymbol{P}=\boldsymbol{A}\cdot\boldsymbol{B}$

如下：

$$\boldsymbol{P}=\boldsymbol{A}\cdot\boldsymbol{B}=A_{ij}\boldsymbol{e}_i\boldsymbol{e}_j\cdot B_{kl}\boldsymbol{e}_k\boldsymbol{e}_l=A_{ij}B_{kl}\delta_{jk}\boldsymbol{e}_i\boldsymbol{e}_l=A_{ij}B_{jl}\boldsymbol{e}_i\boldsymbol{e}_l \tag{1.4.21}$$

即

$$\boldsymbol{P}=\boldsymbol{A}\cdot\boldsymbol{B}\ ,\ P_{il}=A_{ij}B_{jl}\ ,\ [P_{il}]=[A_{ij}][B_{jl}] \tag{1.4.22}$$

这里是以直接记法和指标记法两种方式写出了张量 $\boldsymbol{A}$ 和 $\boldsymbol{B}$ 的点积。容易证明，式(1.4.22)所定义二阶系统 P_{il} 确实是二阶张量。事实上，在笛卡尔直角坐标变换之下，我们有

$$\bar{P}_{il}=\bar{A}_{ij}\bar{B}_{jl}=\beta_{im}\beta_{jn}A_{mn}\beta_{jr}\beta_{ls}B_{rs}=\beta_{im}\delta_{nr}A_{mn}\beta_{ls}B_{rs}=\beta_{im}\beta_{ls}A_{mr}B_{rs}=\beta_{im}\beta_{ls}P_{ms}$$

这说明了二阶系统 P_{il} 确实为二阶张量。

与线性代数中所讲的矩阵运算相对比可以发现：当把两个二阶张量以矩阵形式表示时，两个矩阵的乘积恰好和它们所代表的二阶张量的“点积”相对应，而不是和这两个张量“外积”相对应。因此，为了避免混乱，以后将以黑斜体字母矩阵（如 $\boldsymbol{A}$ 、$\boldsymbol{B}$ ）间加一个记号“。”来表示矩阵的相乘，它对应于张量运算中的点积记号“·”。

需要特别指出的是，与两个一阶张量（矢量）的点积 $\boldsymbol{a}\cdot\boldsymbol{b}=\boldsymbol{b}\cdot\boldsymbol{a}$ 可以交换次序不同，对于任意两个张量而言，其点积一般是不能交换次序的，但结合律则一般是成立的：

$$\begin{cases}\boldsymbol{A}\cdot\boldsymbol{B}\neq\boldsymbol{B}\cdot\boldsymbol{A}\\(\boldsymbol{A}\cdot\boldsymbol{B})\cdot\boldsymbol{C}=\boldsymbol{A}(\boldsymbol{B}\cdot\boldsymbol{C})\end{cases} \tag{1.4.23}$$

结合律不成立的个别情况只是出现在二矢量的点积结合后，不能再与其他张量进行点积（无意义）的情况：如对二阶张量 $\boldsymbol{A}$ 、矢量 $\boldsymbol{a}$ 和 $\boldsymbol{b}$ ，$(\boldsymbol{A}\cdot\boldsymbol{a})\cdot\boldsymbol{b}\neq\boldsymbol{A}\cdot(\boldsymbol{a}\cdot\boldsymbol{b})$，因为右端无意义。

与矩阵乘积转置的公式类似，对二阶张量的点积，容易证明下式成立：

$$\begin{cases}(\boldsymbol{A}\cdot\boldsymbol{B})^T=\boldsymbol{B}^T\cdot\boldsymbol{A}^T\\(\boldsymbol{A}\cdot\boldsymbol{B}\cdot\boldsymbol{C})^T=\boldsymbol{C}^T\cdot\boldsymbol{B}^T\cdot\boldsymbol{A}^T\end{cases} \tag{1.4.24}$$

利用张量点积的运算，容易证明对二阶张量 $\boldsymbol{C}$ 有

$$\begin{cases}\boldsymbol{C}=C_{ij}\boldsymbol{e}_i\boldsymbol{e}_j\\C_{ij}=\boldsymbol{e}_i\cdot\boldsymbol{C}\cdot\boldsymbol{e}_j=(\boldsymbol{C}\cdot\boldsymbol{e}_j)\boldsymbol{e}_i\end{cases} \tag{1.4.25}$$

对三阶张量 $\boldsymbol{D}$ 可得

$$\begin{cases} \boldsymbol{D}=D_{ijk}\boldsymbol{e}_i\boldsymbol{e}_j\boldsymbol{e}_k \\ D_{ijk}=\left[(\boldsymbol{D}\cdot\boldsymbol{e}_k)\cdot\boldsymbol{e}_j\right]\cdot\boldsymbol{e}_i=\boldsymbol{e}_k\cdot\left[\boldsymbol{e}_j\cdot(\boldsymbol{e}_i\cdot\boldsymbol{D})\right] \end{cases} \tag{1.4.26}$$

这些式子可视为矢量 $\boldsymbol{a}$ 的分量公式 $a_i=\boldsymbol{a}\cdot\boldsymbol{e}_i=\boldsymbol{e}_i\cdot\boldsymbol{a}$ 的推广，但在高阶张量分量的表达式中，需特别注意张量与基矢点积的位置和次序。

我们在前面讲的两个张量的点积是人们常用到的所谓就近点积，但是根据引入两个张量点积的思想，我们还可以引入两个张量的各种非就近点积。从直接记法的角度出发，我们先将两个因子张量写为直接记法进行外积之后，再对各自某两个特别指定的基矢量进行点积；从指标记法的角度出发，我们先将两个因子张量的分量相乘之后，再对各自某两个特别指定的指标进行缩并。此时显然用指标记法更加简洁，且不易造成混乱。

1.4.6 二阶张量的二次点积

以上是对两个二阶张量进行外积，然后再进行一次指标缩并，从而定义了两个二阶张量的一次点积，这样得到了一个新的二阶张量。如果对它们的外积进行两次指标缩并，便可得到一个标量，并称这种运算为这两个二阶张量的二次点积。但是依赖于缩并指标位置的不同，我们可得到两个不同结果的标量，分别记为 $\boldsymbol{A}:\boldsymbol{B}$ 和 $\boldsymbol{A}\cdot\cdot\boldsymbol{B}$

$$\begin{cases} \boldsymbol{A}:\boldsymbol{B}=A_{ij}\boldsymbol{e}_i\boldsymbol{e}_j:B_{kl}\boldsymbol{e}_k\boldsymbol{e}_l=A_{ij}B_{kl}\delta_{ik}\delta_{jl}=A_{ij}B_{ij} \\ \boldsymbol{A}\cdot\cdot\boldsymbol{B}=A_{ij}\boldsymbol{e}_i\boldsymbol{e}_j:B_{kl}\boldsymbol{e}_k\boldsymbol{e}_l=A_{ij}B_{kl}\delta_{il}\delta_{jk}=A_{ij}B_{ji} \end{cases} \tag{1.4.27}$$

在第一种运算中，缩并过程是对两张量前后处于同样位置的两个指标进行的（即第一对第一、第二对第二），以“:”表示；在第二种运算中，缩并过程是对二张量处于不同位置的二指标进行的（即第一对第二、第二对第一），以“··”表示。需要指出的是，尽管(1.4.27)中二式给出的结果都是标量，但一般而言它们却是两个不相等的标量，即

$$\boldsymbol{A}:\boldsymbol{B}\neq\boldsymbol{B}\cdot\cdot\boldsymbol{A} \tag{1.4.28}$$

由其定义易证：当二阶张量 $\boldsymbol{A}$ 或 $\boldsymbol{B}$ 其一为对称张量时（ $\boldsymbol{A}^T=\boldsymbol{A}$ 或 $\boldsymbol{B}^T=\boldsymbol{B}$ ），则(1.4.27)所定义的二标量相等：

$$\boldsymbol{A}:\boldsymbol{B}=\boldsymbol{A}\cdot\cdot\boldsymbol{B} \tag{1.4.29}$$

在力学中，两个二阶张量二次点积最常见的例子是应力张量的变形功或变形功率。另外，我们可以类似地定义高阶张量各种意义下的二次点积乃至多次

点积,它们是由所指定的两因子张量的相应两对指标乃至多对指标进行缩并而得出的。

1.5 张量识别定理（商法则）

前面曾经指出,判断一个量是否是张量最直接的方法,就是检查它的表象在坐标变换之下是否满足张量分量的变换法则。我们也可以通过实践来总结出如下的张量识别定理(即"商法则"),从而可更加简洁明了地得出某个量是张量的结论,这可以帮助我们免于每一次都重新进行张量变换法则的检验。为了便于接受和理解,我们首先从一些具体实例出发,然后再归纳出这些实例的共性,从而认识商法则的实质并给出它的表述。

1.4节中我们定义了任意两个张量的点积,并指出这将得出一个新的张量。作为一个最常用的例子,我们可以由矢量 $\boldsymbol{n}$ 和二阶张量 $\boldsymbol{T}$ 的点积来定义如下两个新矢量 $\boldsymbol{t}$ 和 $\boldsymbol{q}$：

$$\begin{cases}\boldsymbol{t}=\boldsymbol{n}\cdot\boldsymbol{T}\\ \boldsymbol{q}=\boldsymbol{T}\cdot\boldsymbol{n}\end{cases} \tag{1.5.1}$$

或者表示为

$$\begin{cases}t_i=n_kT_{ki}\\ q_i=T_{ik}n_k\end{cases} \tag{1.5.2}$$

从映射关系(1.5.2)在新旧坐标系中都成立的事实出发,并根据矢量 $\boldsymbol{n}$ 和张量 $\boldsymbol{T}$ 的张量特性,很容易证明(1.5.2)所定义的一阶系统 t_i 和 q_i 确实为矢量。以 t_i 为例,由于 n_k 和 T_{ki} 分别是矢量和二阶张量,我们有

$$\bar{t}_i=\bar{n}_k\bar{T}_{ki}=\beta_{kj}n_j\beta_{kl}\beta_{im}T_{lm}=\delta_{jl}n_j\beta_{im}T_{lm}=\beta_{im}n_lT_{lm}=\beta_{im}t_m$$

即证明了 t_i 确实为矢量。同理可证(1.5.2)所定义一阶系统 q_i 也为矢量。这里的论述相当于证明了如下的定理:

定理1: 如果 n_k 是矢量, T_{ki} 是二阶张量,则线性映射关系(1.5.2)所定义一阶系统 t_i(或 q_i)必为矢量。

这一定理可作为张量识别定理最简单的例子,与其说它是张量识别定理,倒不如说它是张量代数运算封闭性的体现,因为已知张量特性的两个量都在等式右端,而需要证明其张量特性的量在等式左端。定理1的逆定理(定理2)则可以作为张量识别定理的最典型例证,因为已知张量特性的两个量分别在等式

的左右两端，而需要证明其张量特性的量在等式的右端。

定理2：如果对任意的矢量 n_k 和二阶系统 T_{ki}，由线性映射关系（1.5.2）所给出的量 t_i（或 q_i）都是矢量，则二阶系统 T_{ki} 必定是二阶张量。

证明：以（1.5.2）第一式为例证之。按照此映射关系，在新旧坐标系中我们分别有

$$t_l = n_k T_{kl} \tag{1.5.3}$$

$$\bar{t}_m = \bar{n}_j \bar{T}_{jm} \tag{1.5.4}$$

又因 $\boldsymbol{n}$ 和 $\boldsymbol{t}$ 是矢量，按矢量定义我们有

$$\bar{t}_m = \beta_{ml} t_l \tag{1.5.5}$$

$$\bar{n}_j = \beta_{jk} n_k \tag{1.5.6}$$

将（1.5.5）和（1.5.6）代入（1.5.4）有

$$\beta_{ml} t_l = \beta_{jk} n_k \bar{T}_{jm} \tag{1.5.7}$$

再将（1.5.3）代入（1.5.7），即有

$$\left(\beta_{ml} T_{kl} - \beta_{jk} \bar{T}_{jm}\right) n_k = 0 \tag{1.5.8}$$

公式（1.5.8）对任意的矢量都成立，故由 n_k 的任意性有

$$\beta_{ml} T_{kl} - \beta_{jk} \bar{T}_{jm} = 0 \tag{1.5.9}$$

将（1.5.9）二端同乘以 β_{ik} 即得

$$\beta_{ik} \beta_{ml} T_{kl} = \beta_{ik} \beta_{jk} \bar{T}_{jm} = \delta_{ij} \bar{T}_{jm} = \bar{T}_{im} \tag{1.5.10}$$

式（1.5.10）说明了二阶系统 T_{kl} 确实为二阶张量，定理得证。

从线性变换或线性映射的角度看，我们可以把公式（1.5.1）中的（$\cdot\boldsymbol{T}$）或（$\boldsymbol{T}\cdot$）视为一个将矢量 $\boldsymbol{n}$ 映射为矢量 $\boldsymbol{t}$ 或 $\boldsymbol{q}$ 的线性映射算子，或把（1.5.2）视为其映射系数为 T_{ki}（或 T_{ik}），而将矢量 n_k 映射为矢量 t_i（或 q_i）的线性映射。此时我们可以分别把定理1、定理2表述为：二阶张量 $\boldsymbol{T}$ 按公式（1.5.2）把空间中的任意矢量 $\boldsymbol{n}$ 都线性映射为空间中的另一矢量 $\boldsymbol{t}$（或 $\boldsymbol{q}$）；反之，按公式（1.5.2）将空间中的任意矢量 $\boldsymbol{n}$ 都映射为空间中另一矢量 $\boldsymbol{t}$（或 $\boldsymbol{q}$）的线性映射系统 T_{ki} 也必为二阶张量。由于这两个互逆的命题都是成立的，故我们可以以矢量为桥梁给出关于二阶张量的新定义，称之为二阶张量的第二定义（有的教材将此作为二阶张量的定义）：

定义7：二阶张量是通过公式（1.5.2）将任意矢量都映射为矢量的线性映射

系数。

矢量和二阶张量是连续介质力学中最常见的量，而作为矢量和二阶张量点积的运算，映射关系(1.5.1)或(1.5.2)具有特殊的意义。在第二章应力分析中大家将会看到，它是通过面元单位法向矢量 $\boldsymbol{n}$ 而联系应力张量 $\boldsymbol{T}$ 和面上应力矢量 $\boldsymbol{t}$ 的所谓Cauchy应力公式。物理上，它是介质动量守恒定律的体现。前文已指出，张量的点积一般不能交换次序，故一般情况下 $\boldsymbol{n}\cdot\boldsymbol{T}\neq\boldsymbol{T}\cdot\boldsymbol{n}$ 。由(1.5.1)有

$$\begin{cases}\boldsymbol{n}\cdot\boldsymbol{T}=\boldsymbol{T}^T\cdot\boldsymbol{n}\\ \boldsymbol{T}\cdot\boldsymbol{n}=\boldsymbol{n}\cdot\boldsymbol{T}^T\end{cases}\tag{1.5.11}$$

当二阶张量 $\boldsymbol{T}$ 为对称张量时，即 $\boldsymbol{T}=\boldsymbol{T}^T$ 时，则有

$$\boldsymbol{n}\cdot\boldsymbol{T}=\boldsymbol{T}\cdot\boldsymbol{n}\quad(\text{当 }\boldsymbol{T}=\boldsymbol{T}^T\text{ 时})\tag{1.5.12}$$

非极性物质中的Cauchy应力张量即是此种情况(见第二章)。

下面这个定理可作为张量识别定理的另一例子，我们很容易证明。

定理3：如果对任意的矢量 a_i ，通过一阶系统 b_i 所定义的量

$$\Phi=a_ib_i\tag{1.5.13}$$

都是一个标量，则一阶系统 b_i 必是矢量。

事实上，利用新旧坐标系中都成立的映射关系(1.5.13)和 a_i 的矢量特性，在坐标变换之下有

$$\begin{cases}\bar{\phi}=\bar{a}_i\bar{b}_i=\beta_{il}a_l\bar{b}_i\\ \phi=a_lb_l\end{cases}\tag{1.5.14}$$

又因 ϕ 为标量，即 $\bar{\phi}=\phi$ ，故有

$$\left(\beta_{il}\bar{b}_i-b_l\right)a_l=0\tag{1.5.15}$$

此式对任意的矢量 a_l 都应成立，故得

$$\beta_{il}\bar{b}_i=b_l\tag{1.5.16}$$

将(1.5.16)二端乘以 β_{jl} 即得

$$\beta_{jl}b_l=\beta_{jl}\beta_{il}\bar{b}_i=\delta_{ji}\bar{b}_i=\bar{b}_j\tag{1.5.17}$$

即证明了 b_i 确实为矢量。类似地，我们可证明如下的另一个张量识别定理，这里不再列出其证明，读者可自行练习。

定理4：如果有一组与坐标系相关联的三阶系统 A_{ijk} ，通过映射关系 $a_iA_{ijk}=B_{jk}$ 将任意的矢量 a_i 映射为二阶张量 B_{jk} ，则三阶系统 A_{ijk} 必为三阶张量。

显然，类似以上的定理我们可以写出很多个，它们的证明方法大同小异，即

由新旧坐标系中的映射关系及某两个已知张量新旧分量的变换关系，导出另一个量的某种张量特性。我们将所有这些定理统称为张量识别定理或商法则。虽然对这些定理用统一的语言表述并不是很容易的事情，但只要掌握其实质，不难写出这一包容性定理在各种具体情况下的正确表述和结论。

商法则核心是指：在一个用指标表达的包括三个量的等式中，由其中两个量的已知张量特性（即其分量的变异规则）来推断第三个量的某种特定张量特性（即其分量的变异规则），以保证等式两端的总变异规则（次数）相同。含哑标的一端总的变异次数是指两量变异次数之和减去哑标重复数2，无哑标一端总变异次数就等于各量变异次数之和。

下面的一段话可作为商法则表述的一个参考，但不需要硬记和套用它，只需掌握上面所述的实质即可。

定理5：如果与坐标系相关联的 n 阶系统 $A\cdots_j\cdots$ 通过指标缩并的方式，而将任意的 m 阶张量 $B\cdots_j\cdots$ 映射为另一 $(m+n-2)$ 阶张量 $C\cdots\cdots$：

$$A\cdots_j\cdots B\cdots_j\cdots=C\cdots\cdots \tag{1.5.18}$$

则 n 阶系统 $A\cdots_j\cdots$ 必为 n 阶张量。

顺便指出，由于在以上各定理实例的证明中，只用到新旧坐标系中的映射关系和有关量的变异规则，故并不要求等式中出现的都一定是张量的分量，如等式中带指标的基矢量也可以，因为基矢量也有相应的变异规则。例如等式

$$a_i=\boldsymbol{a}\boldsymbol{e}_i \tag{1.5.19}$$

其中，$\boldsymbol{a}$ 本身作为客观量为0次变异，且 $\bar{\boldsymbol{a}}=\boldsymbol{a}$。$\boldsymbol{e}_i$ 为一次变异，$\boldsymbol{e}_i=\beta_{ij}\boldsymbol{e}_j$，则由商法则可推出 a_i 必满足一次变异规则，即为一阶张量。

1.6 张量的特征值和特征矢量

二阶张量特征值和特征矢量问题不但在连续介质力学的基本原理中，而且在结构振动、波的传播等诸多领域都有重要意义和广泛应用。

定义8：对二阶张量 $\boldsymbol{T}$，如果存在着非零矢量 $\boldsymbol{a}$ 和一个数 μ，使得下式成立：

$$\boldsymbol{a}\cdot\boldsymbol{T}=\mu\boldsymbol{a} \tag{1.6.1}$$

则称 μ 为 $\boldsymbol{T}$ 的一个特征值，称 $\boldsymbol{a}$ 为与特征值 μ 相对应的 $\boldsymbol{T}$ 的左特征矢量。如

果存在非零矢量 $\boldsymbol{b}$ 和数 λ，使得

$$\boldsymbol{T}\cdot\boldsymbol{b}=\lambda\boldsymbol{b} \tag{1.6.2}$$

则称 λ 为 $\boldsymbol{T}$ 的特征值，称 $\boldsymbol{b}$ 为与特征值 λ 相对应的 $\boldsymbol{T}$ 的右特征矢量。

现在我们来求 $\boldsymbol{T}$ 的特征值和左、右特征矢量。将式(1.6.1)和(1.6.2)写为笛卡尔分量表达的形式，分别有

$$\begin{cases}a_iT_{ij}=\mu a_j=\mu\delta_{ij}a_i\\ T_{ij}b_j=\lambda b_i=\lambda\delta_{ij}b_j\end{cases} \tag{1.6.3}$$

第一个式子转置并整理后得到

$$\begin{cases}\left(T_{ji}-\mu\delta_{ji}\right)a_j=0\\ \left(T_{ij}-\lambda\delta_{ij}\right)b_j=0\end{cases} \tag{1.6.4}$$

式(1.6.3)或(1.6.4)分别是关于 a_j 和 b_j 的线性齐次代数方程组，其系数矩阵分别为 $(\boldsymbol{T}-\mu\boldsymbol{I})^T$ 和 $(\boldsymbol{I}-\lambda\boldsymbol{I})$。它们对 $\boldsymbol{a}$ 和 $\boldsymbol{b}$ 有非零解的充要条件是其系数矩阵的行列式等于0，且由于转置矩阵行列式值与原矩阵行列式的相等，故由左、右特征矢量所决定的特征值 μ 和 λ 必相同，故以下将均以 λ 记之。于是 T 的特征值 λ 将由以下的所谓特征方程所决定：

$$\|\boldsymbol{T}-\lambda\boldsymbol{I}\|=\|T_{ij}-\lambda\delta_{ij}\|=\begin{Vmatrix}T_{11}-\lambda & T_{12} & T_{13}\\ T_{21} & T_{22}-\lambda & T_{23}\\ T_{31} & T_{32} & T_{33}-\lambda\end{Vmatrix}=-\lambda^3+I_1\lambda^2-I_2+I_3=0 \tag{1.6.5}$$

其中

$$\begin{cases}I_1=T_{11}+T_{22}+T_{33}\equiv\operatorname{tr}\boldsymbol{T}\\ I_2=\begin{Vmatrix}T_{22} & T_{23}\\ T_{32} & T_{33}\end{Vmatrix}+\begin{Vmatrix}T_{11} & T_{13}\\ T_{31} & T_{33}\end{Vmatrix}+\begin{Vmatrix}T_{11} & T_{12}\\ T_{21} & T_{22}\end{Vmatrix}\\ I_3=\|\boldsymbol{T}\|\equiv\det\boldsymbol{T}\end{cases} \tag{1.6.6}$$

I_1、I_2、I_3 分别称为二阶张量 $\boldsymbol{T}$ 的第一、第二和第三主不变量。若以 λ_1、λ_2、λ_3 表示特征方程(1.6.5)的三个根，即 $\boldsymbol{T}$ 的特征值，则(1.6.5)可以写为

$$\|\boldsymbol{T}-\lambda\boldsymbol{I}\|=-(\lambda-\lambda_1)(\lambda-\lambda_2)(\lambda-\lambda_3) \tag{1.6.7}$$

与(1.6.5)对比可得

$$\left.\begin{aligned}I_1&=\lambda_1+\lambda_2+\lambda_3\\ I_2&=\lambda_2\lambda_3+\lambda_3\lambda_1+\lambda_1\lambda_2\\ I_3&=\lambda_1\lambda_2\lambda_3\end{aligned}\right\} \tag{1.6.8}$$

由于二阶张量 $\boldsymbol{T}$ 本身作为一个张量是客观的，与坐标系的选取无关，而定

义其特征值和左、右特征矢量的式子(1.6.1)和(1.6.2)也与坐标系的选取无关，故尽管形式上公式(1.6.3)(1.6.4)(1.6.5)含有 $\boldsymbol{T}$ 的分量 T_{ij}（它们是与坐标系选取有关的），但特征值以及决定它们的特征方程(1.6.5)的各个系数 I_i 也必然与坐标系的选取无关。故我们称 I_i 为二阶张量的主不变量，当然它们的任何函数仍是坐标变换下的不变量。

在由特征方程(1.6.5)求出特征值 λ_i 之后，分别代入(1.6.3)和(1.6.4)并解之，即可由它们的非零解分别得到 $\boldsymbol{T}$ 的左、右特征矢量 $\boldsymbol{a}$ 和 $\boldsymbol{b}$ 。值得注意的是，虽然由左、右特征矢量定义的特征值是相同的，但对应同一特征值的左、右特征矢量一般是不同的。将(1.6.1)和(1.6.2)分别改写为

$$\begin{cases}\boldsymbol{a}\cdot\boldsymbol{T}=\boldsymbol{T}^T\cdot\boldsymbol{a}=\lambda\boldsymbol{a}\\\boldsymbol{T}\cdot\boldsymbol{b}=\boldsymbol{b}\cdot\boldsymbol{T}^T=\lambda\boldsymbol{b}\end{cases}\tag{1.6.9}$$

可见，张量 $\boldsymbol{T}$ 和 $\boldsymbol{T}^T$ 必有相同的特征值 λ，而且 $\boldsymbol{T}$ 的左特征矢量 $\boldsymbol{a}$ 必是 $\boldsymbol{T}^T$ 的右特征矢量，$\boldsymbol{T}$ 的右特征矢量 $\boldsymbol{b}$ 必是 $\boldsymbol{T}^T$ 的左特征矢量（对应同一特征而言）。当二阶张量为对称张量 $\boldsymbol{T}^T=\boldsymbol{T}$ 时，则其左、右特征矢量 $\boldsymbol{a}=\boldsymbol{b}$ 便重合了，在实际应用中这是最常遇到的情况，典型例子是以后要讲到的Cauchy真应力张量、应变张量等。

由于二阶笛卡尔对称张量与实对称矩阵有一一对应的关系，故可应用线性代数中关于实对称矩阵特征值和特征矢量的有关结果，直接写出二阶对称张量 $\boldsymbol{T}$ 的如下性质：

(i)二阶对称张量的所有特征值 λ_i 都是实数；

(ii)与二阶对称张量不同的特征值相对应的特征矢量必定是正交的；

(iii)对应二阶对称张量的 S 重特征根，必定有 S 个线性无关的特征矢量，它们生成一个属于此特征值的 S 维分解不变子空间，其中任何矢量都是与特征值相对应的特征矢量，并且可通过正交化手续找到一个与此特征值相对应的一组 S 个两两正交的幺正特征矢量组；

(iv)在 n 维空间中，二阶对称张量必有 n 个线性无关的特征矢量，且有一组 n 个两两正交的幺正特征矢量组，当以它们为基矢量时，二阶张量 $\boldsymbol{T}$ 的表象将成为对角形，且对角元素恰为其特征值。

关于这些结论，将在第二章中结合Cauchy应力张量加以阐述。

1.7 张量分析

连续介质力学中的各种张量，除了是空间坐标的函数以外，通常还与某一标量参数（如时间 t ）有关，此时张量场表述为 $\boldsymbol{A}=\boldsymbol{A}(x,t)$ 。张量分析一方面涉及张量对参数 t 的求导运算，更重要的是指张量对应空间坐标的求导运算。

1.7.1 张量对某一参数 t 的导数

张量是某一参数 t 的函数，即它的每个分量都是参数 t 的函数。张量对时间的导数是一个新的同阶张量，每个分量等于原张量相应的分量对 t 的导数。例如设 $\boldsymbol{a}(x,t)$ 为矢量场和 $\boldsymbol{T}(x,t)$ 为二阶张量场，则可定义二者对 t 的导数张量 $\boldsymbol{b}$ 、$\boldsymbol{Q}$ 分别为

$$\begin{cases}\boldsymbol{b}\equiv\dfrac{\partial \boldsymbol{a}}{\partial t}=\dfrac{\partial}{\partial t}(a\boldsymbol{e}_i)=\dfrac{\partial a_i}{\partial t}\boldsymbol{e}_i\\ \boldsymbol{Q}\equiv\dfrac{\partial \boldsymbol{T}}{\partial t}=\dfrac{\partial}{\partial t}(T_{ij}\boldsymbol{e}_i\boldsymbol{e}_j)=\dfrac{\partial T_{ij}}{\partial t}\boldsymbol{e}_i\boldsymbol{e}_j\end{cases}\tag{1.7.1}$$

分量表示为

$$\begin{cases}b_i=\dfrac{\partial a_i}{\partial t}\\ Q_{ij}=\dfrac{\partial T_{ij}}{\partial t}\end{cases}\tag{1.7.2}$$

很容易证明(1.7.1)所定义的量确实分别为矢量和二阶张量。实践中，更重要的是作为坐标函数的张量场对坐标求导的问题。

1.7.2 张量的梯度

张量到底沿哪个方向的变化率最大？其值又是多少？为此，我们来分析张量的梯度问题。实际上，张量的梯度是指张量对坐标的导数。

定理6: 由任何一个笛卡尔张量的各分量对坐标求偏导所得到的量组成一个比原张量阶数高1的新笛卡尔张量，称之为原张量的梯度张量。

证明: 这里以原张量为一阶张量（矢量）为例来证明，其他情况的证明类似。设 $\boldsymbol{v}$ 为任一个矢量，其在新旧笛卡尔坐标系 $\bar{x}_i$ 和 x_i 中的分量分别为 $\bar{v}_i$ 和 v_i ，则可在新旧坐标系中通过求偏导，分别定义二阶系统 $\bar{A}_{ij}$ 和 A_{ij} :

$$\begin{cases} \bar{A}_{ij} = \dfrac{\partial \bar{v}_i}{\partial \bar{x}_j} \\ A_{ij} = \dfrac{\partial v_i}{\partial x_j} \end{cases} \tag{1.7.3}$$

于是有

$$\bar{A}_{ij} = \frac{\partial \bar{v}_i}{\partial \bar{x}_j} = \frac{\partial \bar{v}_i}{\partial x_k}\frac{\partial x_k}{\partial \bar{x}_j} \tag{1.7.4}$$

由于 $\boldsymbol{v}$ 为笛卡尔矢量,故

$$\begin{cases} \bar{v}_i = \beta_{il} v_l \\ x_k = \beta_{mk} \bar{x}_m \end{cases} \tag{1.7.5}$$

可得出

$$\frac{\partial x_k}{\partial \bar{x}_j} = \beta_{mk}\frac{\partial \bar{x}_m}{\partial \bar{x}_j} = \beta_{mk}\delta_{mj} = \beta_{jk} \tag{1.7.6}$$

其中,β_{jk} 为由 x_k 到 $\bar{x}_j$ 的正交过渡矩阵,且 $\beta_{jk} = \bar{\boldsymbol{e}}_j \cdot \boldsymbol{e}_k$。

类似地,我们可得到 $\dfrac{\partial \bar{x}_j}{\partial x_k} = \beta_{jk}$。将该式连同式(1.7.6)代入式(1.7.4)中有

$$\bar{A}_{ij} = \beta_{il}\frac{\partial v_l}{\partial x_k}\beta_{jk} = \beta_{il}\beta_{jk}A_{lk} \tag{1.7.7}$$

(1.7.7)即说明了 $A_{ij} = \dfrac{\partial v_i}{\partial x_j}$ 确实为二阶笛卡尔张量。

值得一提的是,由张量分量对坐标求偏导得出一个新张量的结论,只是在笛卡尔张量理论的框架内才成立。在一般的曲线坐标中,一般张量分量对坐标求偏导所得的量并不具有一般张量的特征。因为不构成一个张量,在一般张量理论的框架内,需要引入协变导数的概念才能保证张量求导所得的新量仍为张量,这样保持张量运算的封闭性。

为方便起见,在张量分析中人们广泛采用如下的微分算子 ∇,即Nabla算子或Hamilton算子,其在直角笛卡尔坐标系中的表达式为

$$\nabla \equiv \frac{\partial}{\partial x_i}\boldsymbol{e}_i = \nabla_i \boldsymbol{e}_i \tag{1.7.8}$$

其中,$\nabla_i \equiv \dfrac{\partial}{\partial x_i}$ 代表梯度算子的笛卡尔分量,它兼具矢量和求导的双重性质。

利用Nabla梯度算子 ∇,可以把对矢量求导所得的二阶张量 $\boldsymbol{A}$ 视为矢量和的并矢,并称之为矢量 $\boldsymbol{v}$ 的梯度 gradv,即 $\boldsymbol{v}$ 和 ∇ 的乘积:

$$\boldsymbol{A} = \mathrm{grad}\,\boldsymbol{v} = \boldsymbol{v}\nabla \tag{1.7.9}$$

分量表示为

$$A_{ij} = v_i \overleftarrow{\nabla}_j = \frac{\partial v_i}{\partial x_j} = v_{i,j} \tag{1.7.10}$$

或者采用如下定义：

$$\boldsymbol{A}^T = \nabla \boldsymbol{v} \tag{1.7.11}$$

分量表示为

$$A_{ij}^T = A_{ji} = \overrightarrow{\nabla}_i v_j = \frac{\partial v_j}{\partial x_i} = v_{j,\,i} \tag{1.7.12}$$

式中 ∇ 上的箭头表示指向被求导的量。当然，也可以将(1.7.11)所给出 $\boldsymbol{A}^T$ 作为 $\boldsymbol{v}$ 的梯度，此时该式给出的是梯度的转置张量。

矢量 $\boldsymbol{v}$ 的梯度(1.7.9)是矢量在空间不均匀性的一种刻画，故得其名。推而广之，我们可以把任意阶的张量对坐标求导所得的高一阶的新笛卡尔张量称为原张量的梯度，它可以用张量的直接记法或与原张量为 ∇ 的乘积。例如：标量 ϕ 的梯度 grad ϕ 定义为 ϕ 与 ∇ 的乘积，是一个矢量(这是读者在高等数学中所熟知的)：

$$\mathrm{grad}\,\phi = \begin{cases} \phi\nabla = \phi\overleftarrow{\nabla}_i \boldsymbol{e}_i = \dfrac{\partial \phi}{\partial x_i}\boldsymbol{e}_i \\ \nabla\phi = \boldsymbol{e}_i \overrightarrow{\nabla}_i \phi = \boldsymbol{e}_i \dfrac{\partial \phi}{\partial x_i} \end{cases} \tag{1.7.13}$$

二阶张量 $\boldsymbol{T}$ 的梯度定义 $\boldsymbol{T}$ 与 ∇ 与的乘积，是一个三阶张量：

$$\mathrm{grad}\,\boldsymbol{T} \equiv \boldsymbol{T}\nabla = T_{ij}\boldsymbol{e}_i\boldsymbol{e}_j\overleftarrow{\nabla}_k\boldsymbol{e}_k = T_{ij}\overleftarrow{\nabla}_k\boldsymbol{e}_i\boldsymbol{e}_j\boldsymbol{e}_k = \frac{\partial T_{ij}}{\partial x_k}\boldsymbol{e}_i\boldsymbol{e}_j\boldsymbol{e}_k \tag{1.7.14}$$

即 $(\boldsymbol{T}\nabla)_{ijk} = T_{ij}\overleftarrow{\nabla}_k = T_{ij,k}$ ，或为

$$\nabla\boldsymbol{T} = \overrightarrow{\nabla}_k\boldsymbol{e}_k T_{ij}\boldsymbol{e}_i\boldsymbol{e}_j = \overrightarrow{\nabla}_k T_{ij}\boldsymbol{e}_k\boldsymbol{e}_i\boldsymbol{e}_j \tag{1.7.15}$$

显然，一般如(1.7.14)所定义的 $\boldsymbol{T}$ 的梯度和(1.7.15)所定义的梯度是不同的张量，习惯上取(1.7.14)作为 $\boldsymbol{T}$ 的梯度 grad$\boldsymbol{T}$ 。对其他更高阶张量的梯度将不再写出其表达式，读者很容易写出来。

1.7.3 张量的散度

任何一个张量的散度定义为该张量与Nabla算子的点积，是一个比原张量

阶数低一阶的新张量。例如：矢量 $\boldsymbol{v}$ 的散度是 $\boldsymbol{v}$ 和 ∇ 的点积，为一标量，记为 $\mathrm{div}\,\boldsymbol{v}$：

$$\mathrm{div}\,\boldsymbol{v}=\begin{cases}\boldsymbol{v}\cdot\nabla=v_i\overleftarrow{\nabla}_i\\ \nabla\cdot\boldsymbol{v}=\overrightarrow{\nabla}_i\cdot v_i\end{cases}=v_{i,i}=\frac{\partial v_i}{\partial x_i} \tag{1.7.16}$$

同样，二阶张量 $\boldsymbol{T}$ 散度 $\mathrm{div}\,\boldsymbol{T}$ 是 $\boldsymbol{T}$ 与 ∇ 的点积，其为一个矢量：

$$\mathrm{div}\,\boldsymbol{T}=\boldsymbol{T}\cdot\nabla=T_{ij}\boldsymbol{e}_i\boldsymbol{e}_j\cdot\overleftarrow{\nabla}_k\boldsymbol{e}_k=T_{ij}\overleftarrow{\nabla}_j\boldsymbol{e}_i \tag{1.7.17}$$

第 i 个分量为

$$(\mathrm{div}\boldsymbol{T})_i=(\boldsymbol{T}\cdot\nabla)_i=T_{ij,j}=\frac{\partial T_{ij}}{\partial x_j} \tag{1.7.18}$$

或者

$$\nabla\cdot\boldsymbol{T}=\overrightarrow{\nabla}_k\boldsymbol{e}_k\cdot T_{ij}\boldsymbol{e}_i\boldsymbol{e}_j=\overrightarrow{\nabla}_iT_{ij}\boldsymbol{e}_j\overset{i\ \ j}{=}\overrightarrow{\nabla}_jT_{ji}\boldsymbol{e}_i \tag{1.7.19}$$

分量表示为

$$(\nabla\cdot\boldsymbol{T})_i=\overrightarrow{\nabla}_jT_{ji}=T_{ji,j}=\frac{\partial T_{ji}}{\partial x_j} \tag{1.7.20}$$

易见，(1.7.17)与(1.7.19)所定义的 $\boldsymbol{T}$ 的梯度是不同的，即 $\boldsymbol{T}\cdot\nabla\neq\nabla\cdot\boldsymbol{T}$，但对比二式发现：

$$\boldsymbol{T}\cdot\nabla=\nabla\cdot\boldsymbol{T}^T \tag{1.7.21}$$

当 $\boldsymbol{T}=\boldsymbol{T}^T$ 时，即为对称张量时，它们的结果是相同的。

1.7.4 张量的旋度

任意一个张量旋度定义为Nabla算子与该张量的叉积，是一个与原张量同阶的新张量。例如：矢量 $\boldsymbol{v}$ 的旋度是 ∇ 与 $\boldsymbol{v}$ 的叉积，仍为一矢量，记为 $\mathrm{rot}\,\boldsymbol{v}$：

$$\mathrm{rot}\,\boldsymbol{v}=\nabla\times\boldsymbol{v}=e_{ijk}\nabla_iv_j\boldsymbol{e}_k \tag{1.7.22}$$

分量表示为

$$(\mathrm{rot}\,\boldsymbol{v})_k=e_{ijk}\nabla_iv_j=e_{ijk}\frac{\partial v_j}{\partial x_i}=e_{ijk}v_{j,i} \tag{1.7.23}$$

根据上述式子，可得

$$\mathrm{rot}\,\boldsymbol{v}=\nabla\times\boldsymbol{v}=\boldsymbol{e}_1(v_{3,2}-v_{2,3})+\boldsymbol{e}_2(v_{1,3}-v_{3,1})+\boldsymbol{e}_3(v_{2,1}-v_{1,2}) \tag{1.7.24}$$

另外，显然有

$$\boldsymbol{v}\times\nabla=-\nabla\times\boldsymbol{v} \tag{1.7.25}$$

二阶张量的旋度rot仍为一个二阶张量,可写为

$$\mathrm{rot}\,\boldsymbol{T}=\nabla\times\boldsymbol{T}=\vec{\nabla}_k\boldsymbol{e}_k\times T_{ij}\boldsymbol{e}_i\boldsymbol{e}_j=\frac{\partial T_{ij}}{\partial x_k}e_{kil}\boldsymbol{e}_l\boldsymbol{e}_j\overset{i\Leftrightarrow j}{=}\frac{\partial T_{ji}}{\partial x_k}e_{kjl}\boldsymbol{e}_l\boldsymbol{e}_i \tag{1.7.26}$$

如此可得分量:

$$(\mathrm{rot}\boldsymbol{T})_{li}=(\nabla\times\boldsymbol{T})_{li}=e_{kjl}\frac{\partial T_{ji}}{\partial x_k} \tag{1.7.27}$$

或者

$$\boldsymbol{T}\times\nabla=T_{ij}\boldsymbol{e}_i\boldsymbol{e}_j\times\overleftarrow{\nabla}_k\boldsymbol{e}_k=T_{ij}\overleftarrow{\nabla}_k e_{jkl}e_ie_l=\frac{\partial T_{ij}}{\partial x_k}e_{jkl}\boldsymbol{e}_i\boldsymbol{e}_l \tag{1.7.28}$$

其分量为

$$(\mathrm{rot}\,\boldsymbol{T})_{li}=(\nabla\times\boldsymbol{T})_{il}=e_{jkl}\frac{\partial T_{ij}}{\partial x_k} \tag{1.7.29}$$

对比式(1.7.27)和(1.7.29)可得

$$\boldsymbol{T}\times\nabla=-(\nabla\times\boldsymbol{T}^T)^T \tag{1.7.30}$$

1.7.5 Laplace算子

Laplace算子定义为Nabla算子自点积,是一个标量型二阶微分算子:

$$\Delta=\nabla\cdot\nabla=\nabla_i\nabla_i=\frac{\partial^2}{\partial x_i\partial x_i} \tag{1.7.31}$$

对任意阶的张量都可与此标量算子相乘并进行两次求导,而得到一个与原张量同阶的张量。例如对标量 φ 、矢量 $\boldsymbol{v}$ 以及二阶张量 $\boldsymbol{T}$ 可分别有

$$\left.\begin{aligned}\Delta\varphi&=(\nabla\cdot\nabla)\varphi=\nabla_i\nabla_i\varphi=\frac{\partial^2\varphi}{\partial x_i\partial x_i}\\ \Delta\boldsymbol{v}&=(\nabla\cdot\nabla)\boldsymbol{v}=\nabla_i\nabla_i v_j\boldsymbol{e}_j=\frac{\partial^2 v}{\partial x_i\partial x_i}\boldsymbol{e}_j\\ \Delta\boldsymbol{T}&=(\nabla\cdot\nabla)\boldsymbol{T}=\nabla_i\nabla_i T_{kl}\boldsymbol{e}_k\boldsymbol{e}_l=\frac{\partial^2 T_{kl}}{\partial x_i\partial x_i}\boldsymbol{e}_k\boldsymbol{e}_l\end{aligned}\right\} \tag{1.7.32}$$

根据Nabla算子的定义和矢量代数中熟知的公式,可以证明如下一些恒等式成立,它们在连续介质力学中将是很有用的。其中:f 、φ 为任意可微函数,$\boldsymbol{F}$ 为二阶张量, $\boldsymbol{a}$ 、$\boldsymbol{b}$ 和 $\boldsymbol{v}$ 等均为矢量。

$$\begin{cases}\nabla(\phi f)=\phi\nabla f+f\nabla\phi\\ \nabla\cdot(\phi\boldsymbol{v})=\phi\cdot\nabla\boldsymbol{v}+\boldsymbol{v}\cdot\nabla\phi\\ \nabla\times(\nabla\varphi)=0\\ \nabla\cdot(\nabla\times\boldsymbol{v})=0\end{cases} \tag{1.7.33}$$

(1.7.33)中的最后两式即为下节中将要提到的位势定理:“无旋矢量的标量势”和“无散矢量的矢量势”。

常见的公式还有

$$\begin{cases}\nabla\cdot(\nabla\phi)=\nabla^2\phi=\Delta\phi\\ \nabla\cdot(\nabla\boldsymbol{v})=\nabla^2\boldsymbol{v}=\Delta\boldsymbol{v}\\ \nabla\cdot(\boldsymbol{F}\cdot\boldsymbol{v})=\boldsymbol{v}\cdot(\nabla\cdot\boldsymbol{F})+\boldsymbol{F}:\nabla\boldsymbol{v}\\ \nabla\times(\nabla\times\boldsymbol{v})=\nabla(\nabla\cdot\boldsymbol{v})-\Delta\boldsymbol{v}\\ \nabla\cdot(\boldsymbol{a}\times\boldsymbol{b})=\boldsymbol{b}\cdot(\nabla\times\boldsymbol{a})-\boldsymbol{a}\cdot(\nabla\times\boldsymbol{b})\\ \nabla\times(\boldsymbol{a}\times\boldsymbol{b})=\boldsymbol{a}(\nabla\cdot\boldsymbol{b})-\boldsymbol{a}\cdot(\nabla\boldsymbol{b})+\boldsymbol{b}\cdot(\nabla\boldsymbol{a})-\boldsymbol{b}(\nabla\cdot\boldsymbol{a})\end{cases}\tag{1.7.34}$$

其余的就不再一一列出了,读者可自行补充。

1.8 常用的积分定理

1.8.1 Gauss定理

考虑一个体积分:

$$\int_V\frac{\partial\varphi}{\partial x_3}\mathrm{d}V=\iiint_V\frac{\partial\varphi}{\partial x_3}\mathrm{d}x_1\mathrm{d}x_2\mathrm{d}x_3\tag{1.8.1}$$

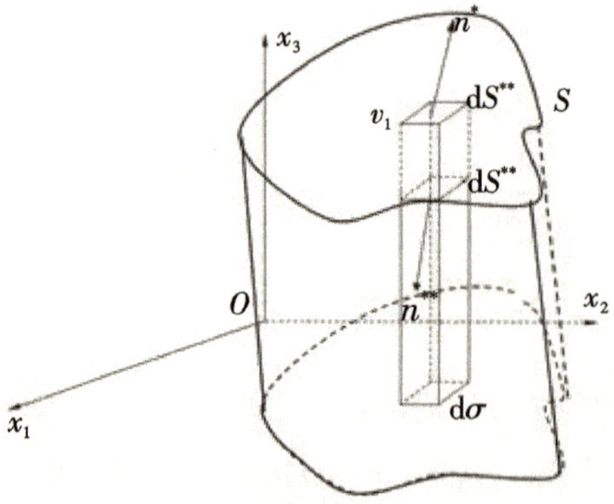

图1-2

其中,$V=\sum V_i$,每个 V_i 的轴线平行 x_3 轴。即

$$\int_V\frac{\partial\varphi}{\partial x_3}\mathrm{d}V=\sum_i\frac{\partial\varphi}{\partial x_3}\mathrm{d}V_i\tag{1.8.2}$$

若将 V_1 再分割为高为 $\mathrm{d}x_3$,底面平行于 x_1x_2 平面的小薄饼(见图1-2),$\mathrm{d}V=\mathrm{d}x_3\cdot\mathrm{d}\sigma$,则

$$\int_{V_1}\frac{\partial\varphi}{\partial x_3}\mathrm{d}V=\int_{x^{**}}^{x^*}\frac{\partial\varphi}{\partial x_3}\mathrm{d}\sigma\mathrm{d}x_3=\mathrm{d}\sigma\int_{x^{**}}^{x^*}\frac{\partial\varphi}{\partial x_3}\mathrm{d}x_3\mathrm{d}\sigma\left[\varphi\left(x^*\right)-\varphi\left(x^{**}\right)\right]=\mathrm{d}\sigma\left(\varphi^*-\varphi^{**}\right)\tag{1.8.3}$$

其中,x^* 和 x^{**} 代表小柱和 $\mathrm{d}S^*$、$\mathrm{d}S^{**}$ 交点 x_3 坐标;$\mathrm{d}\sigma$ 为投影到平面上的面积。

若以 $\boldsymbol{n}=n_i\boldsymbol{e}_i$ 代表 S 的外法向矢量，则：

$$d\sigma = dS^* n_3^* = -dS^{**} n_3^{**} \tag{1.8.4}$$

故

$$\int_{V_1} \frac{\partial\varphi}{\partial x_3} dV = \varphi^* n_3^* dS^* + \varphi^{**} n_3^{**} dS^{**} \tag{1.8.5}$$

于是有

$$\int_V \frac{\partial\varphi}{\partial x_3} dV = \oint_S \varphi n_3 dS \tag{1.8.6}$$

即得出

$$\int_V \frac{\partial\varphi}{\partial x_i} dV = \oint_S \varphi n_i dS \quad (j=1,2,3) \tag{1.8.7}$$

或

$$\int_V \varphi \overleftarrow{\nabla}_j dV = \oint_s \varphi n_j dS \quad (j=1,2,3) \tag{1.8.8}$$

把式(1.8.8)两边 $\times \boldsymbol{e}_j$ 得出

$$\int_V \phi\nabla dV = \oint_s \varphi \boldsymbol{n} dS \tag{1.8.9}$$

这个推导过程与 ϕ 是标量、矢量还是张量无关。例如，当取上式中的 $\phi = v_i$ 时：

$$\int_V v_i \nabla_j dV = \oint_S v_i n_j dS \tag{1.8.10}$$

或表示为

$$\int_V \boldsymbol{v}\nabla dV = \oint_S \boldsymbol{v}\boldsymbol{n} dS \tag{1.8.11}$$

当然，ϕ 可取为张量 $\boldsymbol{T}$：

$$\int_V \boldsymbol{T}\nabla dV = \oint_S \boldsymbol{T}\boldsymbol{n} dS \tag{1.8.12}$$

若将(1.8.10)进行一次缩并，取点积分：

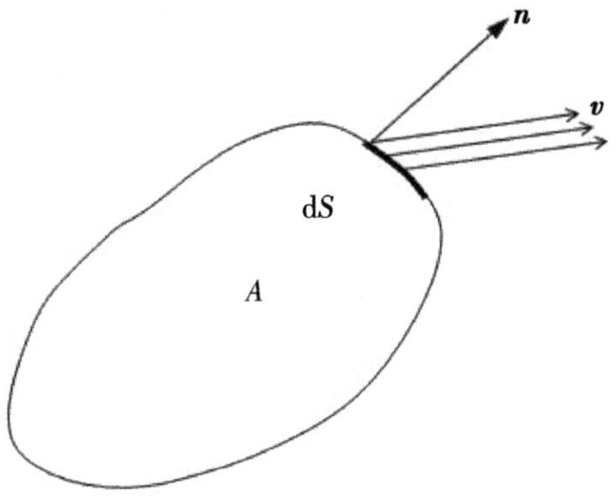

图1-3

$$\int_V v_i \nabla_i dV = \oint_S v_i n_i dS \tag{1.8.13}$$

即

$$\int_V \operatorname{div}\boldsymbol{v} dV = \oint_S \boldsymbol{v}\cdot\boldsymbol{n} dS \tag{1.8.14}$$

该式即为高等数学中的Gauss定理。其含义为：每个表面散发出去的量（如流体体积等）等于散度的体积分。当取 V 为一个包围某点 A 的无限小体积时（图1-3），则有

$$(\mathrm{div}\boldsymbol{v})_A V=\oint_S \boldsymbol{v}\cdot\boldsymbol{n}\mathrm{d}S \tag{1.8.15}$$

不论曲面 S 形状如何，只要区域 V 无限收缩到点 A 时 $(V\to 0)$ 的极限

$$(\mathrm{div}\boldsymbol{v})_A=\lim_{V\to 0}\frac{1}{V}\oint_S(\boldsymbol{v}\cdot\boldsymbol{n})\mathrm{d}S \tag{1.8.16}$$

存在，则称此极限为矢量场 $\boldsymbol{v}$ 在点 A 的散度。其物理意义为：该点附近单位体积的表面上发射量。

1.8.2 广义Gauss定理

设 $L(\ )$ 为一个 ∇ 的线性算子，即对任意的标量因子 λ、μ 都有

$$L(\lambda\boldsymbol{a}+\mu\boldsymbol{b})=\lambda L(\boldsymbol{a})+\mu L(\boldsymbol{b}) \tag{1.8.17}$$

则有

$$\int_V L(\nabla)\mathrm{d}V=\oint_S L(\boldsymbol{n})\mathrm{d}S \tag{1.8.18}$$

证明：

$$\int_V L(\nabla)\mathrm{d}V=\int_V(\nabla_i\boldsymbol{e}_i)\mathrm{d}V\overset{(1.8.16)}{=}\int_V\nabla_i L(\boldsymbol{e}_i)\mathrm{d}V\overset{(1.8.8)}{=}\oint_S n_i L(\boldsymbol{e}_i)\mathrm{d}S\overset{(1.8.16)}{=}\oint_S L(n_i\boldsymbol{e}_i)\mathrm{d}S=\oint_S L(\boldsymbol{n})\mathrm{d}S \tag{1.8.19}$$

但我们要注意两个式子是不同的：

$$\begin{cases}\int_V(f\varphi)\mathrm{d}V=\oint_S\boldsymbol{n}f\varphi\mathrm{d}S\\ \int_V f\nabla\varphi\mathrm{d}V=\oint_S\left[\nabla(f\varphi)-\varphi\nabla f\right]\mathrm{d}S=\oint_S\boldsymbol{n}f\varphi\mathrm{d}S-\int_V\varphi\nabla f\mathrm{d}V\end{cases} \tag{1.8.20}$$

1.8.3 Stokes定理

取 $L(\nabla)=\nabla\times\boldsymbol{u}$，则广义Gauss定理给出一个结果：

$$\int_V\nabla\times\boldsymbol{v}\mathrm{d}V=\oint_S\boldsymbol{n}\times\boldsymbol{v}\mathrm{d}S \tag{1.8.21}$$

将式（1.8.21）应用到如图1-4的圆盘，并两端以 $\boldsymbol{n}_1$ 点积得

$$\int_V(\nabla\times\boldsymbol{v})\cdot\boldsymbol{n}_1\mathrm{d}V=\oint_S(\boldsymbol{n}\times\boldsymbol{v})\cdot\boldsymbol{n}_1\mathrm{d}S=\int_S\boldsymbol{v}(\boldsymbol{n}_1\times\boldsymbol{n})\mathrm{d}S \tag{1.8.22}$$

其中 S 包括上、下表面和侧表面，注意到上表面和下表面的法向矢量分别为 $\boldsymbol{n}_1$ 和 $-\boldsymbol{n}_1$，故有

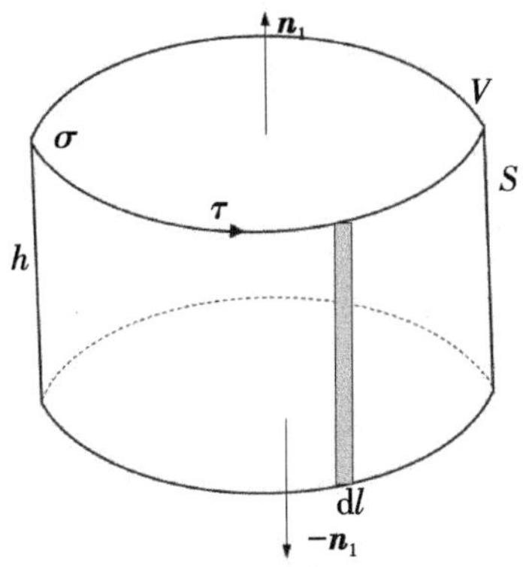

图 1-4

$$\boldsymbol{n}_1\times\boldsymbol{n}=0 \tag{1.8.23}$$

侧面的法向矢量为 $\boldsymbol{n}_2$，故

$$\boldsymbol{n}_1\times\boldsymbol{n}=\boldsymbol{\tau} \tag{1.8.24}$$

那么，(1.8.22)右端为

$$\int_S\boldsymbol{v}(\boldsymbol{n}_1\times\boldsymbol{n})\mathrm{d}S=\oint_C\boldsymbol{v}\cdot\boldsymbol{\tau}h\mathrm{d}l=h\oint_C\boldsymbol{v}\mathrm{d}l \tag{1.8.25}$$

又

$$\boldsymbol{n}_1\mathrm{d}V=\boldsymbol{n}_1h\mathrm{d}\sigma=h\mathrm{d}\boldsymbol{\sigma} \tag{1.8.26}$$

则(1.8.22)左端为

$$\int_V(\nabla\times\boldsymbol{v})\cdot\boldsymbol{n}_1\mathrm{d}V=h\oint_\sigma(\nabla\times\boldsymbol{v})\cdot\mathrm{d}\boldsymbol{\sigma} \tag{1.8.27}$$

根据(1.8.25)和(1.8.27)是相等，得出

$$\int_\sigma(\nabla\times\boldsymbol{v})\mathrm{d}\boldsymbol{\sigma}=\oint_C\boldsymbol{v}\mathrm{d}l \tag{1.8.28}$$

$$\int_S(\nabla\times\boldsymbol{v})\mathrm{d}\boldsymbol{S}=\oint_C\boldsymbol{v}\mathrm{d}l \tag{1.8.29}$$

因为

$$\mathrm{d}\boldsymbol{S}=\boldsymbol{n}\mathrm{d}S \tag{1.8.30}$$

故有

$$(\nabla\times\boldsymbol{v})\cdot\mathrm{d}\boldsymbol{S}=(\nabla\times\boldsymbol{v})\cdot\boldsymbol{n}\mathrm{d}S \tag{1.8.31}$$

把该式代入(1.8.29)有

$$(\mathrm{rot}\,\boldsymbol{v})\cdot\boldsymbol{n}S=\oint_C\boldsymbol{v}\cdot\mathrm{d}l \tag{1.8.32}$$

故

$$(\mathrm{rot}\boldsymbol{v})_n=\lim_{S\to0}\frac{1}{S}\oint_C\boldsymbol{v}\mathrm{d}l \tag{1.8.33}$$

此式表明：法向矢量为 $\boldsymbol{n}$ 的面上散度等于其单位面积上的环量。

1.8.4 位势定理

1. 无旋矢量的标量势

定义:若对矢量场 $\boldsymbol{v}$,存在一个标量场 ϕ,使得处处有

$$\nabla\phi=\boldsymbol{v} \tag{1.8.34}$$

则称 $\boldsymbol{v}$ 存在标量势。

定理7:矢量场 $\boldsymbol{v}$ 无旋的充要条件是它存在标量势。

证明:①充分性。设 $\boldsymbol{v}$ 存在标量势 ϕ,则显然有

$$\mathrm{rot}\,\boldsymbol{v}=\nabla\times\boldsymbol{v}=\nabla\times(\nabla\phi)=0 \tag{1.8.35}$$

即说明了存在标量势的矢量 $\boldsymbol{v}$ 必然是无旋的。

②必要性:若 $\boldsymbol{v}$ 无旋,则可证明它一定存在标量势。事实上,设 $\boldsymbol{v}$ 无旋,即处处有

$$\mathrm{rot}\,\boldsymbol{v}=\nabla\times\boldsymbol{v}=0 \tag{1.8.36}$$

则对空间中任何一条闭合曲线 C 都有

$$\oint_C\boldsymbol{v}\cdot\mathrm{d}\boldsymbol{l}\overset{(1.8.27)}{=}\int_S(\nabla\times\boldsymbol{v})\cdot\mathrm{d}\boldsymbol{S}=\int_S0\mathrm{d}\boldsymbol{S}=0 \tag{1.8.37}$$

这说明线积分与路径无关。于是可通过线积分来定义一个函数 $\phi(\boldsymbol{x})$,即

$$\phi(\boldsymbol{x})=\phi(\boldsymbol{x}_0)+\int_{\boldsymbol{x}_0}^{\boldsymbol{x}}\boldsymbol{v}\cdot\mathrm{d}\boldsymbol{l} \tag{1.8.38}$$

其中可差一个任意常数 $\phi(\boldsymbol{x}_0)$。

特别地,当 $\boldsymbol{x}$ 和 $\boldsymbol{x}_0$ 无限接近时,则上式变为

$$\mathrm{d}\varphi=\boldsymbol{v}\cdot\mathrm{d}\boldsymbol{x}=v_i\mathrm{d}x_i \tag{1.8.39}$$

由于 $\mathrm{d}x_i$ 的任意性,可得

$$v_i=\frac{\partial\phi}{\partial x_i}=\vec{\nabla}_i\phi \tag{1.8.40}$$

即

$$\boldsymbol{v}=\nabla\phi=\mathrm{grad}\,\phi \tag{1.8.41}$$

2. 无散(等容)矢量的矢量势

定义9:若对矢量场 $\boldsymbol{v}$,存在另一个矢量 $\boldsymbol{a}$,使得处处有

$$\mathrm{rot}\,\boldsymbol{a}=\nabla\times\boldsymbol{a}=\boldsymbol{v} \tag{1.8.42}$$

则称矢量场 $\boldsymbol{v}$ 存在矢量势。

定理8:矢量场 $\boldsymbol{v}$ 无散的充要条件是它存在矢量势 $\boldsymbol{a}$。

证明：①充分性。这一点是显然的，设存在矢量势 $\boldsymbol{a}$，则

$$\operatorname{div}\boldsymbol{v}=\nabla\cdot\boldsymbol{v}=\nabla\cdot(\nabla\times\boldsymbol{a})=0 \tag{1.8.43}$$

即推出 $\boldsymbol{v}$ 是无散的。

②必要性。即证若 $\boldsymbol{v}$ 无散，则其必有矢量势 $\boldsymbol{a}$。

因为 $\boldsymbol{v}$ 无散，则

$$\operatorname{div}\boldsymbol{v}=\nabla\cdot\boldsymbol{v}=\frac{\partial v_i}{\partial x_i}=0 \tag{1.8.44}$$

若该式成立，则一定存在一个矢量场 $\boldsymbol{a}$，使得

$$\operatorname{rot}\boldsymbol{a}=\boldsymbol{v} \tag{1.8.45}$$

式(1.8.45)即为

$$\begin{cases}\dfrac{\partial a_3}{\partial x_2}-\dfrac{\partial a_2}{\partial x_3}=v_1\\ \dfrac{\partial a_1}{\partial x_3}-\dfrac{\partial a_3}{\partial x_1}=v_2\\ \dfrac{\partial a_2}{\partial x_1}-\dfrac{\partial a_1}{\partial x_2}=v_3\end{cases} \tag{1.8.46}$$

先设 $a_1=0$，则

$$\begin{cases}\dfrac{\partial a_3}{\partial x_2}-\dfrac{\partial a_2}{\partial x_3}=v_1\\ -\dfrac{\partial a_3}{\partial x_1}=v_2\\ \dfrac{\partial a_2}{\partial x_1}=v_3\end{cases} \tag{1.8.47}$$

对(1.8.47)式中第三个方程积分得

$$a_2(x_1,x_2,x_3)=\int_{x_1^0}^{x_1}v_3(x_1,x_2,x_3)\mathrm{d}x_1+\psi_2(x_2,x_3) \tag{1.8.48}$$

对(1.8.47)式中第二个方程积分得

$$a_3(x_1,x_2,x_3)=-\int_{x_1^0}^{x_1}v_2(x_1,x_2,x_3)\mathrm{d}x_1+\psi_3(x_2,x_3) \tag{1.8.49}$$

其中 ψ_2 和 ψ_3 可由(1.8.47)式中第一个方程确定下来。事实上，我们只要将(1.8.48)和(1.8.49)代入到方程(1.8.47)式中第一个方程，可得

$$\begin{aligned}v_1(x_1,x_2,x_3)&=-\int_{x_1^0}^{x_1}\left(\frac{\partial v_2}{\partial x_2}+\frac{\partial v_3}{\partial x_3}\right)\mathrm{d}x_1+\frac{\partial\psi_3}{\partial x_2}-\frac{\partial\psi_2}{\partial x_3}=\int_{x_1^0}^{x_1}\left(\frac{\partial v_1}{\partial x_1}\right)\mathrm{d}x_1+\frac{\partial\psi_3}{\partial x_2}-\frac{\partial\psi_2}{\partial x_3}\\&=v_1(x_1,x_2,x_3)-v_1(x_1^0,x_2,x_3)+\frac{\partial\psi_3}{\partial x_2}-\frac{\partial\psi_2}{\partial x_3}\end{aligned} \tag{1.8.50}$$

根据此式很容易得出

$$\frac{\partial \psi_3}{\partial x_2}-\frac{\partial \psi_2}{\partial x_3}=v_1\left(x_1^0, x_2, x_3\right) \tag{1.8.51}$$

令 $\psi_2=0$,则积分(1.8.51)得到下式:

$$\psi_3\left(x_2, x_3\right)=\int_{x_2^0}^{x_2} v_1\left(x_1^0, x_2, x_3\right) \mathrm{d} x_2+\psi\left(x_3\right) \tag{1.8.52}$$

如此可得到(1.8.46)的一组解如下:

$$\begin{cases}a_1\left(x_1, x_2, x_3\right)=0 \\ a_2\left(x_1, x_2, x_3\right)=\int_{x_1^0}^{x_1} v_3\left(x_1, x_2, x_3\right) \mathrm{d} x_1 \\ a_3\left(x_1, x_2, x_3\right)=-\int_{x_1^0}^{x_1} v_2\left(x_1, x_2, x_3\right) \mathrm{d} x_1+\psi_3\left(x_2, x_3\right)+\int_{x_2^0}^{x_2} v_1\left(x_1^0, x_2, x_3\right) \mathrm{d} x_2+\psi\left(x_3\right)\end{cases} \tag{1.8.53}$$

即我们找到了一组矢量式但不是唯一的。如果 $\boldsymbol{v}$ 无散,也就是若(1.8.44)成立,则存在一组矢量势由(1.8.53)给出,必要性证明结束。

由上面可知,无散矢量 $\boldsymbol{v}$ 的矢量势 $\boldsymbol{a}$ 并不是唯一的。若 $\boldsymbol{a}$ 可作为 $\boldsymbol{v}$ 的矢量势,那么 $\boldsymbol{a}'=\boldsymbol{a}+\nabla\phi$ 也可作为 $\boldsymbol{v}$ 的矢量势。证明很简单:

$$\operatorname{rot} \boldsymbol{a}'=\operatorname{rot} \boldsymbol{a}+\nabla \times(\nabla \phi)=\boldsymbol{v} \tag{1.8.54}$$

定理 9(Holmholtz theorem):任意一个矢量场 $\boldsymbol{v}$ 都可以分解为一个无旋的矢量 $\boldsymbol{v}_1$ 和一个无散的矢量 $\boldsymbol{v}_2$ 之和。具体如下:

$$\begin{cases}\boldsymbol{v}=\boldsymbol{v}_1+\boldsymbol{v}_2 \\ \operatorname{rot} \boldsymbol{v}_1=0 \\ \operatorname{div} \boldsymbol{v}_2=0\end{cases} \tag{1.8.55}$$

1.9 张量方程

张量方程是指各项都具有同类张量特性的方程,下面几个定理具有普遍意义。

定理 10:同类张量的任意线性组合仍是同类的张量。

定理 11:若一张量在某一个直角笛卡尔坐标系中为零张量(不管几阶,每一分量为零的张量),则该张量在任何笛卡尔坐标系中仍为零张量。

定理 12:任意个同类张量的线性组合,在某一坐标系中为零张量,则它们的线性组合,在任意坐标系当中仍为零张量。

可以说,张量方程才是描述一个物理定律的最普遍的形式。

思考:1. 试证明:对任意三个矢量 $\boldsymbol{a}_i\ (i=1,2,3)$ 都有 $e_{ijk}\boldsymbol{a}_i(\boldsymbol{a}_j\times\boldsymbol{a}_k)=6\boldsymbol{a}_1(\boldsymbol{a}_2\times\boldsymbol{a}_3)$。

2. 试证明;对任意三个矢量 $\boldsymbol{a}_i\ (i=1,2,3)$ 都有 $\boldsymbol{a}_i(\boldsymbol{a}_j\times\boldsymbol{a}_k)=e_{ijk}\boldsymbol{a}_1(\boldsymbol{a}_2\times\boldsymbol{a}_3)$ 。

3. 试证明:对任意的数组 $a_i\ (i=1,2,3)$ 都有 $e_{ijk}a_ja_k=0$ 。更一般地,设 $A_{ij}=A_{ji}$,请证明 $e_{ijk}A_{jk}=0$ 。

4. 试证明: $(a\times b)(c\times d)=(a\cdot c)(b\cdot d)-(a\cdot d)(b\cdot c)$ 。

5. 试证明: $e_{ijk}e_{lmn}A_{il}A_{jm}A_{kn}=6\|\boldsymbol{A}\|$ 。

第二章

应力分析

2.1 一点的应力状态和应力张量

2.1.1 应力矢量和应力张量

我们知道，根据不同标准，力可分为体积力和面力，也可分外力和内力。所谓应力是指介质内部的接触面力。图2-1中，点 M 单位外法向矢量为 $\boldsymbol{n}$ 的面上的应力矢量 $\boldsymbol{t}(\boldsymbol{n})$ 定义为

$$\boldsymbol{t}(\boldsymbol{n}) \equiv \lim_{\Delta S \to 0} \frac{\Delta F}{\Delta S} \tag{2.1.1}$$

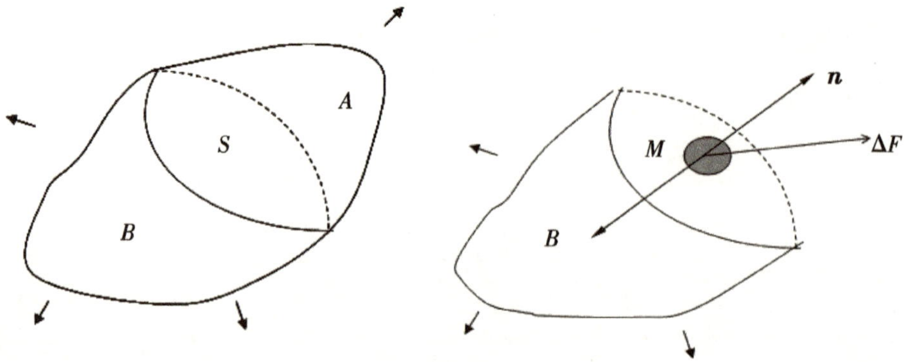

图2-1

为了刻画一点 M 的应力状态，需要无穷多个不同取向 $\boldsymbol{n}$ 上的应力矢量，由牛顿第三定律可得

$$\boldsymbol{t}(-\boldsymbol{n}) = -\boldsymbol{t}(\boldsymbol{n}) \tag{2.1.2}$$

在任一面上，设点 M 法向矢量为 $\boldsymbol{n}$ ，把该点处的应力矢量进行如图2-2分解得

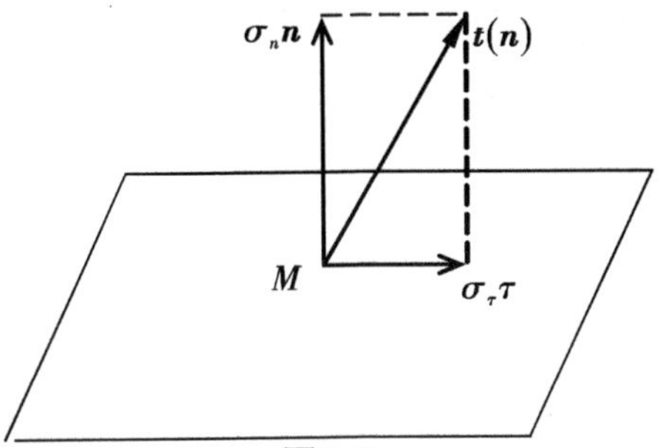

图2-2

$$\boldsymbol{t}(\boldsymbol{n}) = \sigma_n \boldsymbol{n} + \sigma_\tau \boldsymbol{\tau} \tag{2.1.3}$$

其中，σ_n 、σ_τ 分别为正应力和剪应力，并且规定拉为正。

也可对 $\boldsymbol{t}(\boldsymbol{n})$ 进行沿给定的坐标系 x_i 方向上分解，即

$$\boldsymbol{t}(\boldsymbol{n}) = \boldsymbol{t}_i(\boldsymbol{n})\boldsymbol{e}_i \tag{2.1.4}$$

式中，$\boldsymbol{t}_i(\boldsymbol{n})$ 为单位法向矢量为 $\boldsymbol{n}$ 的面上应力矢量 $\boldsymbol{t}(\boldsymbol{n})$ 在 $\boldsymbol{e}_i$ 方向上的分量：

$$\boldsymbol{t}_i \equiv \boldsymbol{t}(\boldsymbol{e}_i) \quad (i=1,2,3) \tag{2.1.5}$$

若将左表面上应力矢量沿坐标轴分解，则 $\boldsymbol{t}_i \equiv \boldsymbol{t}(\boldsymbol{e}_i)$ 沿坐标轴 $\boldsymbol{e}_j$ 方向分解为

$$\begin{cases} \boldsymbol{t}_1 = \sigma_{11}\boldsymbol{e}_1 + \sigma_{12}\boldsymbol{e}_2 + \sigma_{13}\boldsymbol{e}_3 \\ \boldsymbol{t}_2 = \sigma_{21}\boldsymbol{e}_1 + \sigma_{22}\boldsymbol{e}_2 + \sigma_{23}\boldsymbol{e}_3 \\ \boldsymbol{t}_3 = \sigma_{31}\boldsymbol{e}_1 + \sigma_{32}\boldsymbol{e}_2 + \sigma_{33}\boldsymbol{e}_3 \end{cases} \tag{2.1.6}$$

即

$$\boldsymbol{t}_i \equiv \boldsymbol{t}(\boldsymbol{e}_i) = \sigma_{ij}(\boldsymbol{e}_i) \quad (i=1,2,3) \tag{2.1.7}$$

其中，σ_{ij} 代表第 i 个坐标面上的应力矢量在第 j 个坐标轴方向上的分量：

$$\sigma_{ij} = \boldsymbol{t}_i \cdot (\boldsymbol{e}_i) \quad (i=1,2,3;\ j=1,2,3) \tag{2.1.8}$$

可以证明，二阶系统 σ_{ij} 必为二阶笛卡尔张量。

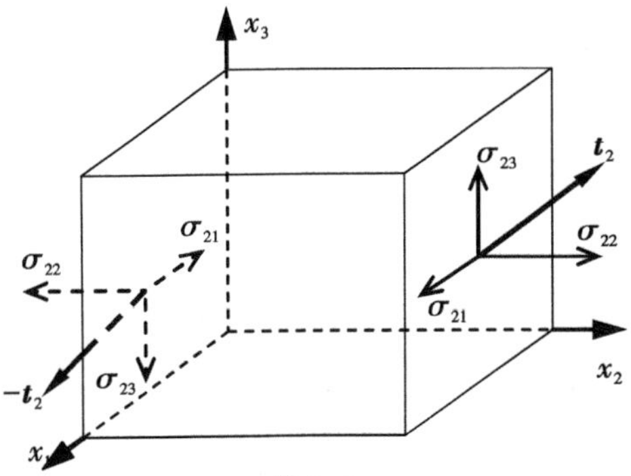

图2-3

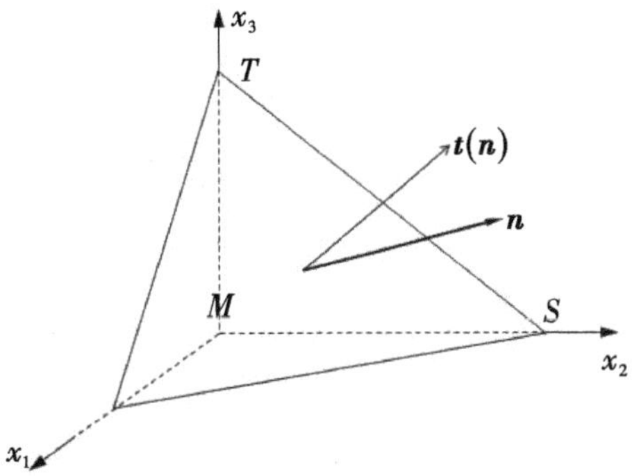

图2-4

2.1.2 Cauchy应力张量和Cauchy公式

以 M 为顶点取一个四面体 $MRST$,三个棱为坐标轴 x_i ,底面 RST 的单位法向矢量为 $\boldsymbol{n}$,面积为 $\mathrm{d}a$,应力矢量为 $\boldsymbol{t}(\boldsymbol{n})$ 。三个侧面的面积记为 $\mathrm{d}a_i$,单位外法向矢量为 $-\boldsymbol{e}_i$,则底面、侧面的面积矢量分别为

$$\begin{cases}\mathrm{d}\boldsymbol{a}=\mathrm{d}a\boldsymbol{n}\\ \mathrm{d}\boldsymbol{a}_i=-\mathrm{d}a_i\boldsymbol{e}_i \quad (i=1,2,3)\end{cases} \tag{2.1.9}$$

对于任一封闭曲面的面积矢量有

$$\oint_S \mathrm{d}\boldsymbol{S}=\oint_S \boldsymbol{n}\mathrm{d}S=\int_V \nabla 1\mathrm{d}V \tag{2.1.10}$$

可见,其面积矢量和为0 。据此可知,在图2-4中的底面积矢量等于各侧面积矢量之和:

$$\boldsymbol{n}=\frac{\mathrm{d}a_i}{\mathrm{d}a}\boldsymbol{e}_i \tag{2.1.11}$$

即

$$n_i=\frac{\mathrm{d}a_i}{\mathrm{d}a} \quad (i=1,2,3) \tag{2.1.12}$$

将动量定理(任意时刻闭口体系动量变化率等于该时刻体系所受的外力矢量之和)应用于物质体 $MRST$:

$$\frac{D}{Dt}\int_{V(t)}\rho\boldsymbol{v}\mathrm{d}V=\int_{V(t)}\rho\boldsymbol{b}\mathrm{d}V+\oint_{S(t)}\boldsymbol{t}(\boldsymbol{n})\mathrm{d}S \tag{2.1.13}$$

一般地,把 $\frac{Df}{Dt}$ 称为 f 的随体导数; $\boldsymbol{b}$ 为比体积力(单位质量所受到的体积力)。

将式(2.1.13)分布求导得

$$\frac{D}{Dt}\int_{V(t)}\rho\boldsymbol{v}\mathrm{d}V=\int_{V(t)}\frac{D}{Dt}(\rho\boldsymbol{v}\mathrm{d}V)=\int_{V(t)}\boldsymbol{v}\frac{D}{Dt}(\rho\mathrm{d}V)+\int_{V(t)}\rho\frac{D\boldsymbol{v}}{Dt}=\int_{V(t)}\rho\dot{\boldsymbol{v}}\mathrm{d}V \tag{2.1.14}$$

(2.1.14)代入(2.1.13)有

$$\oint\boldsymbol{t}(\boldsymbol{n})\mathrm{d}S+\int[\rho\boldsymbol{b}-\rho\dot{\boldsymbol{v}}]\mathrm{d}V=0 \tag{2.1.15}$$

将式(2.1.15)应用于物质体 $MRST$ 上,则

$$[\boldsymbol{t}(\boldsymbol{n})+\boldsymbol{\varepsilon}]\mathrm{d}a-[\boldsymbol{t}_i+\boldsymbol{\varepsilon}_i]\mathrm{d}a_i+\rho[\boldsymbol{b}-\dot{\boldsymbol{v}}+\boldsymbol{\varepsilon}']\mathrm{d}V \tag{2.1.16}$$

由于体积力、惯性力均作用于物体的重心,面力作用于各对应的中心,它们和点 M 之间相差一个“小量” $\boldsymbol{\varepsilon}'$ 、$\boldsymbol{\varepsilon}_i$ 和 $\boldsymbol{\varepsilon}$,它们都是一阶小量。对上式取极限,

并使之趋于 M 点，则有

$$\boldsymbol{t}(\boldsymbol{n})\mathrm{d}a=\boldsymbol{t}_i\mathrm{d}a_i \tag{2.1.17}$$

即

$$\boldsymbol{t}(\boldsymbol{n})=\frac{\mathrm{d}a_i}{\mathrm{d}a}\boldsymbol{t}_i \tag{2.1.18}$$

将(2.1.16)代入(2.1.18)有

$$\boldsymbol{t}(\boldsymbol{n})=n_i\boldsymbol{t}_i \tag{2.1.19}$$

可见，任何法向矢量为 $\boldsymbol{n}$ 的底面上应力矢量等于各侧面应力矢量的线性组合，其系数为 n_i。

将(2.1.7)式代入(2.1.19)式中，得

$$\boldsymbol{t}(\boldsymbol{n})=n_i\sigma_{ij}\boldsymbol{e}_j \tag{2.1.20}$$

即

$$\boldsymbol{t}_j(\boldsymbol{n})=n_i\sigma_{ij} \tag{2.1.21}$$

进行坐标变换但保持 $\boldsymbol{n}$ 不变，则 $\boldsymbol{t}_j(\boldsymbol{n})$ 为一阶张量，n_i 为一阶张量，由商法则可知二阶系统 σ_{ij} 必为二阶张量。

由于一次缩并表示一次点积，则(2.1.21)式变化为

$$\boldsymbol{t}(\boldsymbol{n})=\boldsymbol{n}\cdot\boldsymbol{\sigma} \tag{2.1.22}$$

此即Cauchy公式。其意义在于：只要知道一点的Cauchy应力 $\boldsymbol{\sigma}$，则任意面积 $\boldsymbol{n}$ 上的应力矢量 $\boldsymbol{t}(\boldsymbol{n})$ 就可得出。

在直角坐标系中变化法则为

$$\begin{cases}\bar{\sigma}_{ij}=\beta_{il}\beta_{jm}\sigma_{lm}\\ \sigma_{ij}=\beta_{li}\beta_{mj}\bar{\sigma}_{lm}\end{cases} \tag{2.1.23}$$

用矩阵记法表示：

$$\begin{cases}[\bar{\sigma}]=[\beta][\sigma][\beta]^T\\ [\sigma]=[\beta]^T[\bar{\sigma}][\beta]\end{cases} \tag{2.1.24}$$

其中，β_{il} 代表新旧坐标轴间的方向余弦。

$$\beta_{il}=\bar{e}_i\cdot\boldsymbol{e}_l=\boldsymbol{e}_l\cdot\bar{e}_i \tag{2.1.25}$$

$$\beta_{il}\cdot\beta_{jl}=\delta_{ij}=\beta_{li}\beta_{lj} \tag{2.1.26}$$

下面利用 $\boldsymbol{t}(\boldsymbol{n})$ 和 σ_{ij} 的物理意义来证明式(2.1.23)成立，即 σ_{ij} 是二阶张量。

根据前面有

$$\bar{\sigma}_{ij}=\boldsymbol{t}(\bar{\boldsymbol{e}}_i)\cdot\bar{\boldsymbol{e}}_j \tag{2.1.27}$$

取 $\boldsymbol{n}=\bar{\boldsymbol{e}}_i$,则

$$n_l=\boldsymbol{n}\cdot\boldsymbol{e}_l=\bar{\boldsymbol{e}}_i\cdot\boldsymbol{e}_l=\beta_{il} \tag{2.1.28}$$

由(2.1.20)得

$$\boldsymbol{t}(\bar{\boldsymbol{e}}_i)=\boldsymbol{t}(\boldsymbol{n})=n_l\sigma_{lm}\boldsymbol{e}_m=\beta_{il}\sigma_{lm}\boldsymbol{e}_m \tag{2.1.29}$$

将(2.1.29)代入(2.1.27)即得

$$\bar{\sigma}_{ij}=\boldsymbol{t}(\bar{\boldsymbol{e}}_i)\cdot\bar{\boldsymbol{e}}_j=\beta_{il}\sigma_{lm}\boldsymbol{e}_m\bar{\boldsymbol{e}}_j=\beta_{il}\beta_{jm}\sigma_{lm} \tag{2.1.30}$$

若前面的(2.1.6)式采用下列分解方式:

$$\begin{cases}\boldsymbol{t}_1=S_{11}\boldsymbol{e}_1+S_{21}\boldsymbol{e}_2+S_{31}\boldsymbol{e}_3\\ \boldsymbol{t}_2=S_{12}\boldsymbol{e}_1+S_{22}\boldsymbol{e}_2+S_{32}\boldsymbol{e}_3\\ \boldsymbol{t}_3=S_{13}\boldsymbol{e}_1+S_{23}\boldsymbol{e}_2+S_{33}\boldsymbol{e}_3\end{cases} \tag{2.1.31}$$

即

$$\boldsymbol{t}_i=S_{ij}\boldsymbol{e}_j \tag{2.1.32}$$

$$\boldsymbol{t}(\boldsymbol{n})=n_i\boldsymbol{t}_i=n_iS_{ji}\boldsymbol{e}_j \tag{2.1.33}$$

分量表示为

$$t_j(\boldsymbol{n})=S_{ji}n_i \tag{2.1.34}$$

于是有

$$\boldsymbol{t}(\boldsymbol{n})=\boldsymbol{S}\cdot\boldsymbol{n} \tag{2.1.35}$$

可见 $\boldsymbol{S}$ 和 $\boldsymbol{\sigma}$ 差一个转置:

$$\begin{cases}\boldsymbol{\sigma}=\boldsymbol{S}^T\\ \boldsymbol{S}=\boldsymbol{\sigma}^T\end{cases} \tag{2.1.36}$$

2.1.3 非极性物质中Cauchy应力张量的对称性

动量矩定理:闭口体系对某一点的动量矩变化率等于该时刻体系的外力对同一点的矩:

$$\frac{D}{D(t)}\int_{V(t)}\boldsymbol{r}\times\rho\boldsymbol{v}\mathrm{d}V=\int_{V(t)}\boldsymbol{r}\times\rho\boldsymbol{b}\mathrm{d}V+\oint_{S(t)}\boldsymbol{r}\times\boldsymbol{t}(\boldsymbol{n})\mathrm{d}S+\oint_{V(t)}\rho\boldsymbol{c}_1\mathrm{d}V+\oint\rho\boldsymbol{c}_2\mathrm{d}S \tag{2.1.37}$$

其中, $\boldsymbol{c}_1$ 表示单位质量介质所受到的力偶矩; $\boldsymbol{c}_2$ 表示单位面积上所受到的力偶密度。

下面我们来考察非极性物质:

$$\frac{D}{Dt}\int_{V(t)}\boldsymbol{r}\times\rho\boldsymbol{v}\mathrm{d}V=\int_{V(t)}\boldsymbol{r}\times\boldsymbol{v}\frac{D}{Dt}\rho\mathrm{d}V+\int_{V(t)}\frac{D\boldsymbol{r}}{Dt}\times(\rho\boldsymbol{v}\mathrm{d}V)+\int_{V(t)}\boldsymbol{r}\times\rho\frac{D\boldsymbol{v}}{Dt}\mathrm{d}V=\int_{V(t)}\rho\boldsymbol{r}\times\dot{\boldsymbol{v}}\mathrm{d}V \quad (2.1.38)$$

若不考虑磁性力影响，则(2.1.37)整理为

$$\oint_S\boldsymbol{r}\times\boldsymbol{t}(\boldsymbol{n})\mathrm{d}S+\int_{V(t)}\boldsymbol{r}\times\rho[\boldsymbol{b}-\dot{\boldsymbol{v}}]\mathrm{d}V=0 \quad (2.1.39)$$

若将方程(2.1.39)应用于一个小物质体上：

$$\boldsymbol{t}_2(x_2+\mathrm{d}x_2)=\boldsymbol{t}_2(x_2)+\frac{\partial\boldsymbol{t}_2}{\partial x_2}\mathrm{d}x_2 \quad (2.1.40)$$

将(2.1.40)应用于 t 时刻处于坐标面包围的物质体 $\rho\mathrm{d}x_1\mathrm{d}x_2\mathrm{d}x_3$ 上，得出

$$-\frac{\mathrm{d}x_2}{2}\boldsymbol{e}_2\times(-\boldsymbol{t}_2)\mathrm{d}x_3\mathrm{d}x_1+\frac{\mathrm{d}x_2}{2}\boldsymbol{e}_2\times\left(\boldsymbol{t}_2+\frac{\partial\boldsymbol{t}_2}{\partial x_2}\mathrm{d}x_2\right)\mathrm{d}x_3\mathrm{d}x_1-\frac{\mathrm{d}x_3}{2}\boldsymbol{e}_3\times(-\boldsymbol{t}_3)\mathrm{d}x_2\mathrm{d}x_1+$$
$$\frac{\mathrm{d}x_3}{2}\boldsymbol{e}_3\times\left(\boldsymbol{t}_3+\frac{\partial\boldsymbol{t}_3}{\partial x_3}\mathrm{d}x_3\right)\mathrm{d}x_2\mathrm{d}x_1-\frac{\mathrm{d}x_1}{2}\boldsymbol{e}_1\times(-\boldsymbol{t}_1)\mathrm{d}x_2\mathrm{d}x_3+\frac{\mathrm{d}x_1}{2}\boldsymbol{e}_1\times\left(\boldsymbol{t}_1+\frac{\partial\boldsymbol{t}_1}{\partial x_1}\mathrm{d}x_1\right)\mathrm{d}x_2\mathrm{d}x_3=0$$
$$(2.1.41)$$

整理后，注意到 $\mathrm{d}x_1\mathrm{d}x_2\mathrm{d}x_3=0$，略去高阶小量后得到

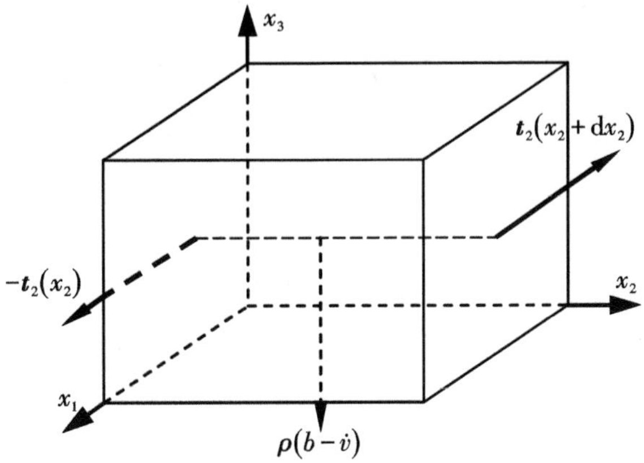

图2-5

$$\boldsymbol{e}_i\times\boldsymbol{t}_i=0 \quad (2.1.42)$$

即

$$\boldsymbol{e}_i\times\sigma_{ij}\boldsymbol{e}_j=0 \quad (2.1.43)$$

或者

$$e_{ijk}\sigma_{ij}\boldsymbol{e}_k=0 \quad (2.1.44)$$

因为 $\boldsymbol{e}_k$ 线性无关，故而

$$\sigma_{ij}e_{ijk}=0\ (k=1,2,3) \quad (2.1.45)$$

此即动量矩的结果：

$$\begin{cases} k=1 & \Rightarrow & \sigma_{23}=\sigma_{32} \\ k=2 & \Rightarrow & \sigma_{31}=\sigma_{13} \\ k=3 & \Rightarrow & \sigma_{12}=\sigma_{21} \end{cases} \tag{2.1.46}$$

即

$$\sigma_{ij}=\sigma_{ji} \tag{2.1.47}$$

或

$$\boldsymbol{\sigma}=\boldsymbol{\sigma}^T \tag{2.1.48}$$

故在非极性物质中，Cauchy应力张量是对称的。

2.2 运动方程

由上节公式(2.1.13)知，对于非极性物质存在：

$$\frac{D}{Dt}\int_{V(t)}\rho\boldsymbol{v}\mathrm{d}V=\int_{V(t)}\rho\boldsymbol{a}\mathrm{d}V=\int_{V(t)}\rho\boldsymbol{b}\mathrm{d}V+\oint_{S(t)}\boldsymbol{t}(\boldsymbol{n})\mathrm{d}S \tag{2.2.1}$$

现在可将上式应用于微物质体 $\rho\mathrm{d}x_1\mathrm{d}x_2\mathrm{d}x_3$ 上(图2-6)，得出

$$\begin{aligned}\rho\boldsymbol{a}\mathrm{d}x_1\mathrm{d}x_2\mathrm{d}x_3=&\rho\boldsymbol{b}\mathrm{d}x_1\mathrm{d}x_2\mathrm{d}x_3+\left[-\boldsymbol{t}_1(x_1)+\boldsymbol{t}_1(x_1+\mathrm{d}x_1)\right]\mathrm{d}x_2\mathrm{d}x_3+\left[-\boldsymbol{t}_2(x_2)+\boldsymbol{t}_2(x_2+\mathrm{d}x_2)\right]\mathrm{d}x_3\mathrm{d}x_1+\\&\left[-\boldsymbol{t}_3(x_3)+\boldsymbol{t}_3(x_3+\mathrm{d}x_3)\right]\mathrm{d}x_1\mathrm{d}x_2\end{aligned} \tag{2.2.2}$$

将上式中的 $\boldsymbol{t}_1(x_1+\mathrm{d}x_1)$ 进行Taylor展开，即

$$t_1(x_1+\mathrm{d}x_1)=t_1(x_1)+\frac{\partial t_1}{\partial x_1}\mathrm{d}x_1 \quad (j=1,2,3) \tag{2.2.3}$$

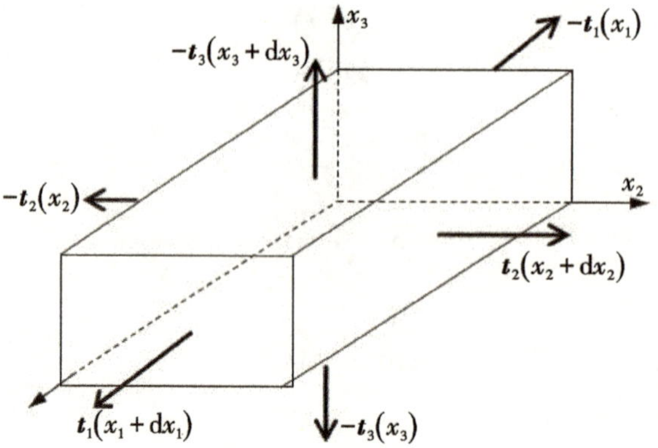

图2-6

类似展开 $\boldsymbol{t}_2(x_2+\mathrm{d}x_2)$ 和 $\boldsymbol{t}_2(x_2+\mathrm{d}x_2)$ 并代入到(2.2.2)整理后有

$$\rho\boldsymbol{a}\mathrm{d}x_1\mathrm{d}x_2\mathrm{d}x_3=\rho\boldsymbol{b}\mathrm{d}x_1\mathrm{d}x_2\mathrm{d}x_3+\frac{\partial\boldsymbol{t}_j}{\partial x_j}\mathrm{d}x_1\mathrm{d}x_2\mathrm{d}x_3 \tag{2.2.4}$$

即得

$$\frac{\partial t_j}{\partial x_j}+\rho\boldsymbol{b}=\rho\boldsymbol{a} \tag{2.2.5}$$

这就是运动方程。

将 $\boldsymbol{t}_j$、$\boldsymbol{b}$ 和 $\boldsymbol{a}$ 均沿坐标轴展开，即

$$\begin{cases}\boldsymbol{t}_j=\sigma_{ij}\boldsymbol{e}_j=\sigma_{ji}\boldsymbol{e}_i\\ \boldsymbol{b}=b_i\boldsymbol{e}_i\\ \boldsymbol{a}=a_i\boldsymbol{e}_i\end{cases} \tag{2.2.6}$$

代入到(2.2.5)有

$$\frac{\partial\sigma_{ji}}{\partial x_j}+\rho b_i=\rho a_i \tag{2.2.7}$$

若应用于非极性物质，则存在关系 $\boldsymbol{\sigma}=\boldsymbol{\sigma}^T$，于是有

$$\frac{\partial\sigma_{ij}}{\partial x_j}+\rho b_i=\rho a_i \tag{2.2.8}$$

我们注意到，(2.2.7)约定求和在前面，(2.2.8)约定求和在后面。写成散度形式为：

$$\begin{cases}\vec{\nabla}\cdot\boldsymbol{\sigma}+\rho\boldsymbol{b}=\rho\boldsymbol{a}\\ \boldsymbol{\sigma}\cdot\overleftarrow{\nabla}+\rho\boldsymbol{b}=\rho\boldsymbol{a}\end{cases} \tag{2.2.9}$$

2.3　应力的连续条件与边界条件

大家知道，动力学问题的基本构成如下："基本方程组"+"初始条件"+"边界条件"，此外还有"连接条件"。其中"边界条件"可以有应力边界、位移边界、速度边界、应变边界与混合边界条件等。本节着重讲解应力边界条件。

将牛顿第三定律应用于交界 S 上任一点 M 处(图2-7)，可得

$$\boldsymbol{t}^{(2)}=-\boldsymbol{t}(-\boldsymbol{n})=\boldsymbol{t}^{(1)}(\boldsymbol{n}) \tag{2.3.1}$$

应力连续条件的数学形式为

$$\boldsymbol{t}^{(2)}(\boldsymbol{n})=\boldsymbol{t}^{(1)}(\boldsymbol{n}) \tag{2.3.2}$$

利用Cauchy公式得出

$$t^{(2)}(\boldsymbol{n}) = n_i\sigma_{ij}^{(2)} = n_i\sigma_{ij}^{(1)} \quad (j=1,2,3) \tag{2.3.3}$$

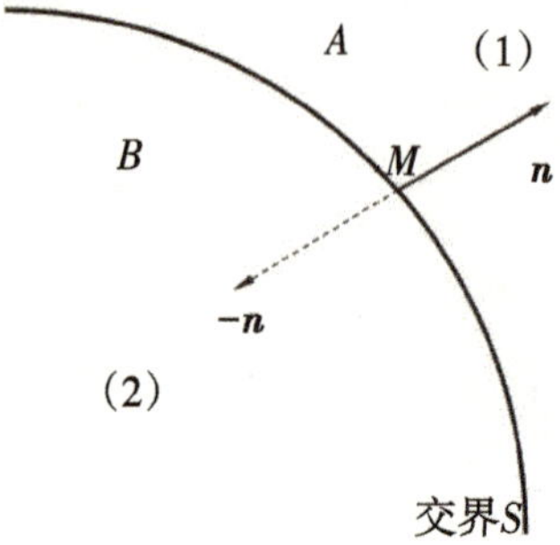

图2-7

一个矢量方程可以展开为三个分量方程，当交界 S 为某一坐标面时，例如为 x_3 坐标面（即 x_1x_2）面，此时有 $\boldsymbol{n}_1=0$ ，$\boldsymbol{n}_2=0$ 和 $\boldsymbol{n}_3=1$ 。于是由(2.3.3)可知：

$$\begin{cases}\sigma_{31}^{(2)}=\sigma_{31}^{(1)}\\ \sigma_{32}^{(2)}=\sigma_{32}^{(1)}\\ \sigma_{33}^{(2)}=\sigma_{33}^{(1)}\end{cases} \tag{2.3.4}$$

这样只能给出 σ_{11}、σ_{22} 和 σ_{33} 连续性条件，其他就难以给出。

如果图2-7中的 A 侧介质的应力矢量为已知 $\boldsymbol{t}^*$，即

$$\boldsymbol{t}^{(1)}(\boldsymbol{n}) = \boldsymbol{t}^* \tag{2.3.5}$$

则(2.3.2)就转化为应力边界条件：

$$\boldsymbol{t}(\boldsymbol{n}) = \boldsymbol{t}^* \quad (\text{on } S) \tag{2.3.6}$$

或者表示为

$$n_i\sigma_{ij} = t_j^* \quad (\text{on } S;\ j=1,2,3) \tag{2.3.7}$$

当边界 S 为坐标面，如 x_3 坐标面时，式(2.3.7)成为

$$\begin{cases}\sigma_{31}=t_1^*\\ \sigma_{32}=t_2^*\\ \sigma_{33}=t_3^*\end{cases} \tag{2.3.8}$$

由于该定理证明过程比较复杂和繁琐，这里不再介绍。

2.4 正交曲线坐标中的笛卡尔张量和应力张量

日常生活中，往往会碰到管中流体的运动、柱杆的扭转、导弹的贯穿以及球形炸药包爆炸等现象，这些问题在笛卡尔直角坐标中是难以刻画的，为此需要介绍曲线坐标的概念。我们可以通过笛卡尔直角坐标 (x_1, x_2, x_3) 和任意三个变量 (q_1, q_2, q_3) 间如下的一一对应的映射关系来引入所谓的曲线坐标 q_i：

$$\begin{cases} x_i = x_i(q_1, q_2, q_3) \\ q_i = q_i(x_1, x_2, x_3) \end{cases} \quad (i=1,2,3) \tag{2.4.1}$$

为保证(2.4.1)中的后三个函数互为反函数，即为了保证它们之间可以一对一地互相确定，要求在空间内，除了个别的点和线之外，函数 $x_i = x_i(q_1, q_2, q_3)$ 处处单值、连续且存在连续的一阶偏导数，同时其雅可比(Jacobi)行列式 $J \neq 0$：

$$J = \left\| \frac{\partial x_i}{\partial q_j} \right\| = \left\| \begin{matrix} \frac{\partial x_1}{\partial q_1} & \frac{\partial x_1}{\partial q_2} & \frac{\partial x_1}{\partial q_3} \\ \frac{\partial x_2}{\partial q_1} & \frac{\partial x_2}{\partial q_2} & \frac{\partial x_2}{\partial q_3} \\ \frac{\partial x_3}{\partial q_1} & \frac{\partial x_3}{\partial q_2} & \frac{\partial x_3}{\partial q_3} \end{matrix} \right\| \neq 0 \tag{2.4.2}$$

或

$$\frac{1}{J} = \left\| \frac{\partial q_i}{\partial x_i} \right\|$$

则称有这种性质的变换(2.4.1)为许可变换。如果 $J>0$ 称其为正则许可变换，$J<0$ 称之为非正则许可变换。我们只研究处处正则许可变换。

在(2.4.1)第二式中，令 q_i 为常数，即分别得三族曲面

$$q_i(x_1, x_2, x_3) = c_i \quad (i=1,2,3) \tag{2.4.3}$$

我们称之为 q_i 坐标面，在此坐标面上 q_i 为常数，而另二曲线坐标发生变化。任意二坐标面的交线形成曲线坐标中的坐标线，例如 q_1 坐标面和 q_2 坐标面的交线即为 q_3 坐标线：

$$\begin{cases} q_1(x_1, x_2, x_3) = c_1 \\ q_2(x_1, x_2, x_3) = c_2 \end{cases} \tag{2.4.4}$$

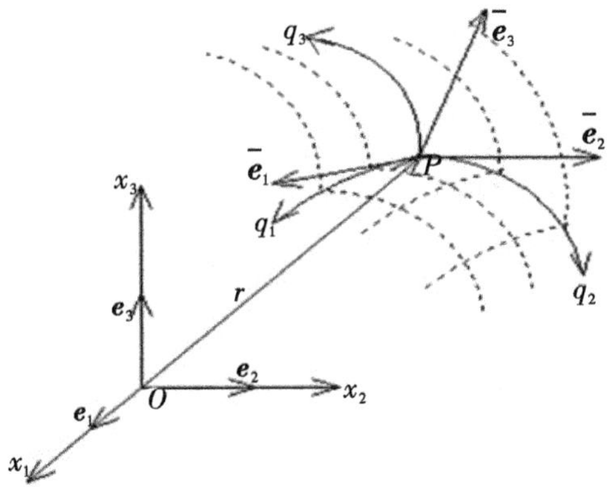

图2-8

沿 q_3 坐标面，q_1 和 q_2 为常数，只有坐标 q_3 变化。

以上的说明如图2-8所示，空间中任一点 P，相对于笛卡尔坐标系原点 O 的矢径也就是位置矢量。

$\overline{OP}=\boldsymbol{r}(q_1,q_2,q_3)$ 是曲线坐标 q_i 的函数，故在任意一点 p 处可按下式定义三个矢量 $\hat{\boldsymbol{e}}_k$：

$$\hat{e}_k(P)=\lim_{\Delta q_k\to 0}\frac{\boldsymbol{r}(q_k+\Delta q_k)-\boldsymbol{r}(q_k)}{\Delta q_k}=\frac{\partial \boldsymbol{r}}{\partial q_k}=\frac{\partial(x_j\boldsymbol{e}_j)}{\partial q_k}=\frac{\partial x_j}{\partial q_k}\boldsymbol{e}_j\quad(k=1,2,3)\tag{2.4.5}$$

其中 x_j 和 $\boldsymbol{e}_j$ 分别是直角笛卡尔坐标和其中的幺正基矢量。由于 $\hat{\boldsymbol{e}}_k(P)$ 与 P 点的位置有关，因此与点的曲线坐标无关，故有(2.4.5)式。

根据其定义(2.4.5)，矢量 $\hat{\boldsymbol{e}}_k(P)$ 显然沿 P 点处坐标线 q_k 的切线，且指向 q_k 增加的方向，其长度为

$$H_k(P)=\left|\hat{\boldsymbol{e}}_k(P)\right|=\sqrt{\left(\frac{\partial x_1}{\partial q_k}\right)^2+\left(\frac{\partial x_2}{\partial q_k}\right)^2+\left(\frac{\partial x_3}{\partial q_k}\right)^2}\quad(k=1,2,3)\tag{2.4.6}$$

称为Lamé系数(拉梅系数)。

需要指出的是，在一般的曲线坐标中，矢量 $\hat{\boldsymbol{e}}_k(P)$ 不但不一定是单位矢量，而且不一定两两正交，同时它的长度和方向还与 P 点的位置有关的，这是与笛卡尔坐标系中为幺正基且是常矢量有本质区别。

如以 $\bar{\boldsymbol{e}}_k$ 表示 $\hat{\boldsymbol{e}}_k$ 方向的单位矢量，则有

$$\bar{\boldsymbol{e}}_k(P)=\frac{\hat{\boldsymbol{e}}_k}{H_k}=\frac{1}{H_k}\frac{\partial x_i}{\partial q_k}\boldsymbol{e}_j=\beta_{kj}\boldsymbol{e}_j\quad(k=1,2,3\text{不求和})\tag{2.4.7}$$

其中

$$\beta_{kj}(P)\equiv\frac{1}{H_k}\frac{\partial x_j}{\partial q_k}=\bar{\boldsymbol{e}}_k\cdot\boldsymbol{e}_j\quad(k=1,2,3\text{不求和})\tag{2.4.8}$$

特别地，当在空间中的各点三条坐标线都两两正交时，即得到常用的所谓正交曲线坐标，此时 $\bar{\boldsymbol{e}}_k(P)$ 也组成幺正基。上二式中得到 β_{kj} 是由幺正基 $\boldsymbol{e}_j$ 到幺正基 $\bar{\boldsymbol{e}}_k$ 的过渡矩阵，因而是正交矩阵，可以表达为

$$\beta_{kj}\beta_{ij}=\delta_{ki}=\beta_{ji}\beta_{jk}\tag{2.4.9}$$

当由 P 点产生三个坐标增量 $\mathrm{d}q_k$ 而过渡到邻近一点时，所产生的位置矢量增量 $\mathrm{d}\boldsymbol{r}$ 和其长度 $\mathrm{d}s$ 分别为

$$\begin{cases} \mathrm{d}\boldsymbol{r} = \dfrac{\partial \boldsymbol{r}}{\partial q_k}\mathrm{d}q_k = \bar{e}_k \mathrm{d}q_k = H_k \bar{e}_k \mathrm{d}q_k \\ \mathrm{d}s = \sqrt{H_1^2 \mathrm{d}q_1^2 + H_2^2 \mathrm{d}q_2^2 + H_3^2 \mathrm{d}q_3^2} \end{cases} \tag{2.4.10}$$

而某条坐标线产生坐标增量时所对应的弧长 $\mathrm{d}s_k$ 将分别为

$$\begin{cases} \mathrm{d}s_1 = H_1 \mathrm{d}q_1 \\ \mathrm{d}s_2 = H_2 \mathrm{d}q_2 \\ \mathrm{d}s_3 = H_3 \mathrm{d}q_3 \end{cases} \tag{2.4.11}$$

本书不涉及张量的普通理论，即不讨论在一般曲线坐标中一般张量的分量，而是在笛卡尔张量的理论框架内来讨论张量。基本思想是：在空间中的各个点 P 处，以此点处正交曲线坐标系的三个单位化了的幺正基 $\bar{\boldsymbol{e}}_k(P)$ 作为一个局部的笛卡尔基，而寻求该点各个张量在此基上的笛卡尔分量，并将之称为相应张量在正交曲线坐标中的笛卡尔张量分量。显然这相当于在点 P 处作了一个由幺正基 $\boldsymbol{e}_j$ 到幺正基 $\bar{\boldsymbol{e}}_i(P)$ 的正交变换，变换系数恰为 β_{ij} 。故如果以 σ_{ij} 表示应力张量 $\boldsymbol{\sigma}$ 在笛卡尔坐标中分量，而以 $\bar{\sigma}_{ij}$ 表示应力张量 $\boldsymbol{\sigma}$ 在正交曲线坐标中分量 q_i 中的点 P 处幺正基 $\bar{e}_k(P)$ 上的分量，则

$$\bar{\sigma}_{ij} = \beta_{il}\beta_{jm}\sigma_{lm} \tag{2.4.12}$$

或者

$$\sigma_{ij} = \beta_{li}\beta_{mj}\bar{\sigma}_{lm} \tag{2.4.13}$$

写成矩阵形式为

$$\begin{cases} [\bar{\sigma}] = [\beta][\sigma][\beta]^T \\ [\sigma] = [\beta]^T[\sigma][\beta] \end{cases} \tag{2.4.14}$$

对于图2-9的柱坐标(曲线坐标)而言：

$$\begin{cases} q_1 = r \\ q_2 = \theta \\ q_3 = z \end{cases} \tag{2.4.15}$$

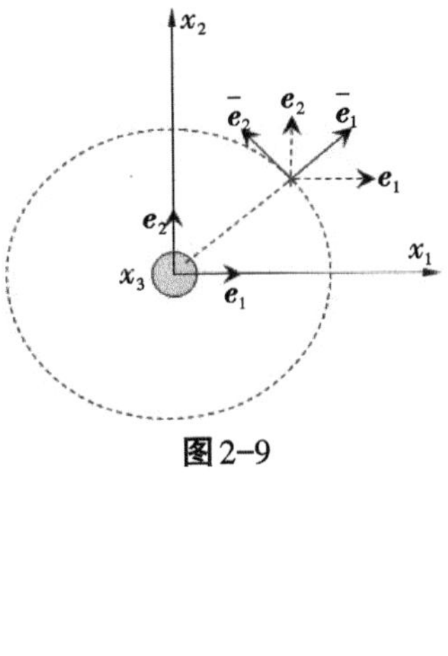

图2-9

如此可得

$$\begin{cases} x_1 = q_1 \cos q_2 = r\cos\theta \\ x_2 = q_1 \sin q_2 = r\sin\theta \\ x_3 = q_3 = z \end{cases} \tag{2.4.16}$$

于是：

$$\begin{cases} H_1 = 1 \\ H_2 = q_1 = r \\ H_3 = 1 \end{cases} \tag{2.4.17}$$

$$\left[\beta_{ij}\right] = \begin{bmatrix} \cos q_2 & \sin q_2 & 0 \\ -\sin q_2 & \cos q_2 & 0 \\ 0 & 0 & 1 \end{bmatrix} \tag{2.4.18}$$

根据式(2.4.14)可求得

$$\left[\bar{\sigma}_{ij}\right] = \begin{bmatrix} \cos q_2 & \sin q_2 & 0 \\ -\sin q_2 & \cos q_2 & 0 \\ 0 & 0 & 1 \end{bmatrix} \begin{bmatrix} \sigma_{11} & \sigma_{12} & \sigma_{13} \\ \sigma_{21} & \sigma_{22} & \sigma_{23} \\ \sigma_{31} & \sigma_{32} & \sigma_{33} \end{bmatrix} \begin{bmatrix} \cos q_2 & \sin q_2 & 0 \\ -\sin q_2 & \cos q_2 & 0 \\ 0 & 0 & 1 \end{bmatrix}^T \tag{2.4.19}$$

即

$$\begin{cases} \sigma_{rr} = \sigma_{xx}\cos^2\theta + 2\sigma_{xy}\sin\theta\cos\theta + \sigma_{yy}\sin^2\theta \\ \sigma_{\theta\theta} = \sigma_{xx}\sin^2\theta - 2\sigma_{xy}\sin\theta\cos\theta + \sigma_{yy}\cos^2\theta \\ \sigma_{zz} = \sigma_{zz} \\ \sigma_{r\theta} = \left(\sigma_{yy} - \sigma_{xx}\right)\sin\theta\cos\theta + \sigma_{xy}\left(\cos^2\theta - \sin^2\theta\right) \\ \sigma_{rz} = \sigma_{yz}\sin\theta + \sigma_{zx}\cos\theta \\ \sigma_{\theta z} = \sigma_{yz}\cos\theta - \sigma_{zx}\sin\theta \end{cases} \tag{2.4.20}$$

当然，若知道柱坐标，我们也可以根据(2.4.14)的第二个方程来反解求出σ_{xx}、σ_{yy}、σ_{zz}、σ_{xy}、σ_{yz}、σ_{zx}等，这里不再赘述。

第三章

主应力和主方向

3.1 应力的概念

根据第二章内容以及图2-2可知，设任一面上的点 M 处法向矢量为 $\boldsymbol{n}$，则可把该点处的应力矢量进行如下分解：

$$\boldsymbol{t}(\boldsymbol{n})=\boldsymbol{\sigma}_n(\boldsymbol{n})\boldsymbol{n}+\boldsymbol{\sigma}_\tau(\boldsymbol{n})\boldsymbol{\tau} \tag{3.1.1}$$

物理上可以证明：对于任一应力状态 $\boldsymbol{\sigma}_{ij}$ 都可找到一些特殊取向 $\boldsymbol{n}$ 的平面，其上切应力为0，称此平面为应力状态的主平面，主平面的法线方向称为主方向，主平面上的正应力称为该平面上主应力。

设在某一坐标系当中，有一个由应力张量 $\boldsymbol{\sigma}$ 表达的应力状态，其应力分量为 $\boldsymbol{\sigma}_{ij}$，以 $\boldsymbol{n}^T=[\boldsymbol{n}_1 \quad \boldsymbol{n}_2 \quad \boldsymbol{n}_3]$ 表示其单位主方向，以 $\boldsymbol{\sigma}$ 表示其主应力，则主应力、主方向定义为

$$\boldsymbol{t}(\boldsymbol{n})=\sigma\boldsymbol{n} \tag{3.1.2}$$

根据Cauchy公式有

$$\boldsymbol{n}\cdot\boldsymbol{\sigma}=\sigma\boldsymbol{n}=n\cdot\sigma\boldsymbol{I} \tag{3.1.3}$$

由此式可变化为

$$\boldsymbol{n}(\boldsymbol{\sigma}-\sigma\boldsymbol{I})=0 \tag{3.1.4}$$

指标记法表示为

$$n_i(\sigma_{ij}-\sigma\delta_{ij})=0 \tag{3.1.5}$$

因为 $\boldsymbol{\sigma}^T=\boldsymbol{\sigma}$，上式也可以写为

$$\boldsymbol{\sigma}\cdot\boldsymbol{n}=\sigma\boldsymbol{n}=\sigma\boldsymbol{I}\cdot n \tag{3.1.6}$$

$$[\boldsymbol{\sigma}-\sigma\boldsymbol{I}]\cdot\boldsymbol{n}=0 \tag{3.1.7}$$

分量表示为

$$(\sigma_{ij}-\sigma\delta_{ij})n_j=0 \tag{3.1.8}$$

根据数学知识,知道一个矩阵转置前后其行列式值是不变的,故

$$\left\|(\boldsymbol{\sigma}-\sigma\boldsymbol{I})^T\right\|=\left\|\boldsymbol{\sigma}-\sigma\boldsymbol{I}\right\|=\begin{Vmatrix}\sigma_{11}-\sigma & \sigma_{12} & \sigma_{13}\\ \sigma_{21} & \sigma_{22}-\sigma & \sigma_{23}\\ \sigma_{31} & \sigma_{32} & \sigma_{33}-\sigma\end{Vmatrix}=0 \tag{3.1.9}$$

或者

$$\left\|\boldsymbol{\sigma}-\sigma\boldsymbol{I}\right\|=-\sigma^3+I_1\sigma^2-I_2\sigma+I_3=0 \tag{3.1.10}$$

其中,I_1、I_2 和 I_3 叫主应力不变量,其表达式如下:

$$\begin{cases}I_1=\sigma_{11}+\sigma_{22}+\sigma_{33}\\ I_2=\begin{Vmatrix}\sigma_{22} & \sigma_{23}\\ \sigma_{32} & \sigma_{33}\end{Vmatrix}+\begin{Vmatrix}\sigma_{11} & \sigma_{13}\\ \sigma_{31} & \sigma_{33}\end{Vmatrix}+\begin{Vmatrix}\sigma_{11} & \sigma_{12}\\ \sigma_{21} & \sigma_{22}\end{Vmatrix}\\ I_3=\left\|\sigma\right\|\end{cases} \tag{3.1.11}$$

一般而言,主应力 σ 对应着 $\boldsymbol{\sigma}$ 的特征值,主方向对应着 $\boldsymbol{\sigma}$ 的特征矢量。对于极性物质,习惯上我们主要讨论左特征矢量,而对于非极性物质而言,左、右特征矢量是相同的。

虽然 $[\sigma_{ij}]$ 和 n_j 与坐标系有关,但对一个特定的应力状态,它的主应力、主方向是物理定义,与坐标无关。因此,主应力 σ_1、σ_2、σ_3 以及主方向 $\boldsymbol{n}$ 与坐标无关,同样决定 σ_1、σ_2、σ_3 特征方向的系数 I_1、I_2 和 I_3 也与坐标无关。

将式(3.1.9)以主特征值 λ_1、λ_2 和 λ_3 表达,则

$$\left\|\boldsymbol{\sigma}-\lambda\boldsymbol{I}\right\|=-(\lambda-\lambda_1)(\lambda-\lambda_2)(\lambda-\lambda_3)=0 \tag{3.1.12}$$

式(3.1.10)和式(3.1.12)对比可得

$$\begin{cases}I_1=\lambda_1+\lambda_2+\lambda_3\\ I_2=\lambda_1\lambda_2+\lambda_2\lambda_3+\lambda_3\lambda_1\\ I_3=\lambda_1\lambda_2\lambda_3\end{cases} \tag{3.1.13}$$

根据主应力方向的定义,显然可知:当三个幺正的主方向 $\boldsymbol{n}_1$、$\boldsymbol{n}_2$ 和 $\boldsymbol{n}_3$ 为坐标系时,应力张量 $[\sigma_{ij}]$ 将成为对角形,其对角元素恰为三个主应力 σ_1、σ_2 和 σ_3。

$$[\bar{\sigma}_{ij}]=\begin{bmatrix}\sigma_1 & 0 & 0\\ 0 & \sigma_2 & 0\\ 0 & 0 & \sigma_3\end{bmatrix} \tag{3.1.14}$$

3.2　主应力和主方向性质Ⅰ

一般而言，这个性质Ⅰ在数学上是指存在性特征。因为 $\boldsymbol{\sigma}$ 为实对称矩阵，故可将实对称矩阵的结论应用于 $\boldsymbol{\sigma}$ 的主应力、主方向上。于是，可得出如下四条结论：

(1)应力张量的三个主应力都是实数；

(2)对应于不同的主应力，其主方向一定是正交的；

(3)对于 S 重的主应力 $(S=1,2,3)$，一定存在着 S 个线性无关的主方向，通过正交化手续可找到与 S 重主应力对应的一组 S 个幺正的主方向；

(4)对于任一个应力状态，一定可找到一组幺正的主方向。

以上是把代数中的结论推广到力学中来。三个主应力的值有如下几种情况：

(i)三个主应力两两不同，即 $\sigma_1 \neq \sigma_2 \neq \sigma_3 \neq \sigma_1$，见图3-1(a)。

(ii)有一个二重主应力，即 $\sigma_1=\sigma_2 \neq \sigma_3$ 时，见图3-1(b)。

(iii)三重主应力，即 $\sigma_1=\sigma_2=\sigma_3=-\bar{p}$，$\bar{p}$ 为静水压力，见图3-1(c)。

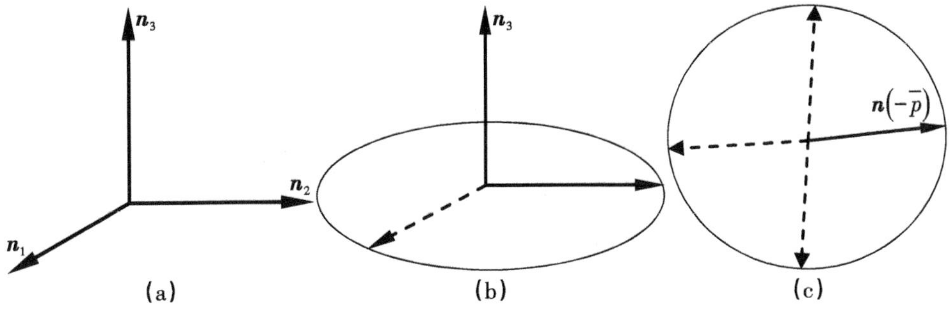

图3-1

例1　对应力状态 $[\sigma_{ij}]=\begin{bmatrix}7 & 3 & 0\\ 3 & -1 & 0\\ 0 & 0 & 0\end{bmatrix}$，试求主应力和一组幺正的主方向。

解：以 σ 表示其主应力，则其由特征方程决定，即

$$\|\boldsymbol{\sigma}-\sigma \boldsymbol{I}\|=\begin{Vmatrix}7-\sigma & 3 & 0\\ 3 & -1-\sigma & 0\\ 0 & 0 & 0\end{Vmatrix}=-\sigma[(7-\sigma)(-1-\sigma)-9]=0 \qquad (3.2.1)$$

即

$$\sigma\left[\sigma^2-6\sigma-7-9\right]=\sigma\left(\sigma^2-6\sigma-16\right)=0 \tag{3.2.2}$$

由此可得出三个主应力如下：

$$\begin{cases}\sigma_1=8\\ \sigma_2=0\\ \sigma_3=-2\end{cases} \tag{3.2.3}$$

以 $\boldsymbol{n}=\begin{bmatrix}n_1\\ n_2\\ n_3\end{bmatrix}$ 表示与主应力对应的单位主方向，则

$$(\boldsymbol{\sigma}-\sigma\boldsymbol{I})\cdot\boldsymbol{n}=0 \tag{3.2.4}$$

即

$$\begin{cases}(\sigma_{11}-\sigma)n_1+\sigma_{12}n_2+\sigma_{13}n_3=0\\ \sigma_{21}+(\sigma_{22}-\sigma)n_2+\sigma_{23}n_3=0\\ \sigma_{31}n_1+\sigma_{32}n_2+(\sigma_{33}-\sigma)n_3=0\end{cases} \tag{3.2.5}$$

对 $\sigma=\sigma_1$ 有

$$\begin{cases}(7-8)n_1+3n_2=0\\ 3n_1+(-1-8)n_2=0\\ (0-8)n_3=0\end{cases} \tag{3.2.6}$$

即

$$\begin{cases}-n_1+3n_2=0\\ 3n_1-9n_2=0\\ 8n_3=0\end{cases} \tag{3.2.7}$$

于是得

$$\begin{cases}n_1-3n_2=0\\ n_3=0\end{cases} \tag{3.2.8}$$

取 $n_2=1$ 推得 $n_1=3$，$n_3=0$。由此可得出一个正交方向为

$$\boldsymbol{n}=\begin{bmatrix}3\\ 1\\ 0\end{bmatrix} \tag{3.2.9}$$

正交化为

$$\boldsymbol{n}_1=\begin{bmatrix}3/\sqrt{10}\\ 1/\sqrt{10}\\ 0\end{bmatrix} \tag{3.2.10}$$

对于 $\sigma=\sigma_2$ 代入(3.1.14)式有

$$\begin{cases}-n_1+3n_2=0\\3n_1-9n_2=0\\8n_3=0\end{cases}\tag{3.2.11}$$

因为 n_3 是任意的,我们可取为1,则正交单位化主方向为

$$n_2=\begin{bmatrix}0\\0\\1\end{bmatrix}\tag{3.2.12}$$

对于 $\boldsymbol{\sigma}=\sigma_3$ 代入(3.1.14)式有

$$\begin{cases}9n_1+3n_2=0\\3n_1-n_2=0\\2n_3=0\end{cases}\tag{3.2.13}$$

我们取 $n_1=1$, $n_2=3$ 和 $n_3=0$,单位化后可得

$$n_3=\begin{bmatrix}1/\sqrt{10}\\-3/\sqrt{10}\\0\end{bmatrix}\tag{3.2.14}$$

3.3　主应力和主方向性质Ⅱ

3.3.1　主应力与主方向性质

性质1:对于任何一个确定的应力状态 $\boldsymbol{\sigma}$,在其主方向为法线的平面上切应力为零,而正应力正好等于与此主方向对应的主应力之值。

性质2:对任何一个确定的应力状态 $\boldsymbol{\sigma}$,主应力是各种取向 $\boldsymbol{n}$ 的不同平面上的正应力最大(小)值。

证明:单位法向矢量为 $\boldsymbol{n}$ 的面上应力矢量 $\boldsymbol{t}(\boldsymbol{n})$ 为

$$\boldsymbol{t}(\boldsymbol{n})=\boldsymbol{n}\cdot\boldsymbol{\sigma}\tag{3.3.1}$$

分量表达为

$$t_j(n)=n_i\sigma_{ij}\quad(j=1,2,3)\tag{3.3.2}$$

当取主坐标系时, $\boldsymbol{\sigma}$ 成为以主应力 σ_1 、σ_2 和 σ_3 为元素的对角矩阵,(3.3.2)成为

$$\begin{cases}t_1(\boldsymbol{n})=n_1\sigma_1\\t_2(\boldsymbol{n})=n_2\sigma_2\\t_3(\boldsymbol{n})=n_3\sigma_3\end{cases}\tag{3.3.3}$$

其上的正应力为

$$\sigma_n(\boldsymbol{n})=\boldsymbol{t}(\boldsymbol{n})\cdot\boldsymbol{n}=n_1^2\sigma_1+n_2^2\sigma_2+n_3^2\sigma_3 \tag{3.3.4}$$

又因为

$$n_1^2+n_2^2+n_3^2=1 \tag{3.3.5}$$

故有

$$\begin{aligned}\sigma_n(\boldsymbol{n})&=\sigma_1 n_1^2+\sigma_2 n_2^2+\sigma_3 n_3^2=\sigma_1\left(1-n_2^2-n_3^2\right)+\sigma_2 n_2^2+\sigma_3 n_3^2\\&=\sigma_1+(\sigma_2-\sigma_1)n_2^2+(\sigma_3-\sigma_1)n_3^2\end{aligned} \tag{3.3.6}$$

或者

$$\begin{aligned}\sigma_n(\boldsymbol{n})&=\sigma_1 n_1^2+\sigma_2 n_2^2+\sigma_3 n_3^2=\sigma_1 n_1^2+\sigma_2 n_2^2+\sigma_3\left(1-n_1^2-n_2^2\right)\\&=\sigma_3+(\sigma_1-\sigma_3)n_1^2+(\sigma_2-\sigma_3)n_2^2\end{aligned} \tag{3.3.7}$$

此处不妨设 $\sigma_1\geqslant\sigma_2\geqslant\sigma_3$ ，则由 (3.3.6) 得出 $\sigma_n(\boldsymbol{n})\leqslant\sigma_1$ ，由 (3.3.7) 得出 $\sigma_n(\boldsymbol{n})\geqslant\sigma_3$ ，故有

$$\sigma_3\leqslant\sigma_n(\boldsymbol{n})\leqslant\sigma_1 \tag{3.3.8}$$

性质3:对任何确定的应力状态 $\boldsymbol{\sigma}$ ，主应力是各种取向 $\boldsymbol{n}$ 的不同平面上的全应力模 $|\boldsymbol{t}(\boldsymbol{n})|$ 的最大(小)值。

证明:

$$|\boldsymbol{t}(\boldsymbol{n})|^2=t_1^2(\boldsymbol{n})+t_2^2(\boldsymbol{n})+t_3^2(\boldsymbol{n})=\sigma_1^2n_1^2+\sigma_2^2n_2^2+\sigma_3^2n_3^2 \tag{3.3.9}$$

与前面的(3.3.6)和(3.3.7)类似处理可得

$$|\boldsymbol{t}(\boldsymbol{n})|^2=\begin{cases}\sigma_1^2+(\sigma_2^2-\sigma_1^2)n_2^2+(\sigma_3^2-\sigma_1^2)n_3^2\\\sigma_3^2+(\sigma_1^2-\sigma_3^2)n_1^2+(\sigma_2^2-\sigma_3^2)n_2^2\end{cases} \tag{3.3.10}$$

和(3.3.8)类似,我们有下面这个式子:

$$\sigma_3^2\leqslant|\boldsymbol{t}(\boldsymbol{n})|^2\leqslant\sigma_1^2 \tag{3.3.11}$$

3.3.2 应力椭球——应力张量的几何表示

在主坐标系中,单位法向矢量为 $\boldsymbol{n}$ 的面上的应力矢量 $\boldsymbol{t}(\boldsymbol{n})$ 为

$$\begin{cases}t_1(\boldsymbol{n})=n_1\sigma_1\\t_2(\boldsymbol{n})=n_2\sigma_2\\t_3(\boldsymbol{n})=n_3\sigma_3\end{cases} \tag{3.3.12}$$

或者

$$\begin{cases} n_1 = \dfrac{t_1(\boldsymbol{n})}{\sigma_1} \\ n_2 = \dfrac{t_2(\boldsymbol{n})}{\sigma_2} \\ n_3 = \dfrac{t_3(\boldsymbol{n})}{\sigma_3} \end{cases} \tag{3.3.13}$$

式(3.3.12)说明在坐标系中,给定一个法向矢量 $\boldsymbol{n}$,就可根据(3.3.12)的应力矢量 $\boldsymbol{t}(\boldsymbol{n})$ 的三个分量来表示。(3.3.13)说明若给定应力矢量 $\boldsymbol{t}(\boldsymbol{n})$,也可求出法向矢量 $\boldsymbol{n}$ 的三个分量。

因为存在(3.3.5)式,于是可得

$$\frac{t_1^2(\boldsymbol{n})}{\sigma_1^2} + \frac{t_2^2(\boldsymbol{n})}{\sigma_2^2} + \frac{t_3^2(\boldsymbol{n})}{\sigma_3^2} = 1 \tag{3.3.14}$$

该式在以 $t_1(\boldsymbol{n})$ 、$t_2(\boldsymbol{n})$ 和 $t_3(\boldsymbol{n})$ 为轴的空间中代表一个半轴为 σ_1 、σ_2 和 σ_3 的椭球。

式(3.3.14)的物理意义为:对于一个主应力为 σ_1 、σ_2 和 σ_3 的某一个应力状态而言,单位法向矢量为 $\boldsymbol{n}$ 各个不同取向的无穷多平面上应力矢量 $\boldsymbol{t}(\boldsymbol{n})$ 的端图是一个以 σ_1 、σ_2 和 σ_3 为半轴的椭球面,它可视为该应力张量的几何表示。

思考:对应力状态 $[\sigma_{ij}] = \begin{bmatrix} 10 & 2 & 0 \\ 2 & 10 & 0 \\ 0 & 0 & 12 \end{bmatrix}$,求主应力和一组幺正的主方向。

3.4　最大切应力及其作用平面

设一个应力状态,主应力为 σ_1 、σ_2 和 σ_3 ,在主坐标系中, $\boldsymbol{\sigma}$ 成为对角形:

$$[\sigma_{ij}] = \begin{bmatrix} \sigma_1 & 0 & 0 \\ 0 & \sigma_2 & 0 \\ 0 & 0 & \sigma_3 \end{bmatrix} \tag{3.4.1}$$

由Cauchy公式知:任一个法向矢量为 $\boldsymbol{n}$ 的面上(图3-2)应力矢量 $\boldsymbol{t}(\boldsymbol{n})$ 为

$$\boldsymbol{t}(\boldsymbol{n}) = \boldsymbol{n} \cdot \boldsymbol{\sigma} \tag{3.4.2}$$

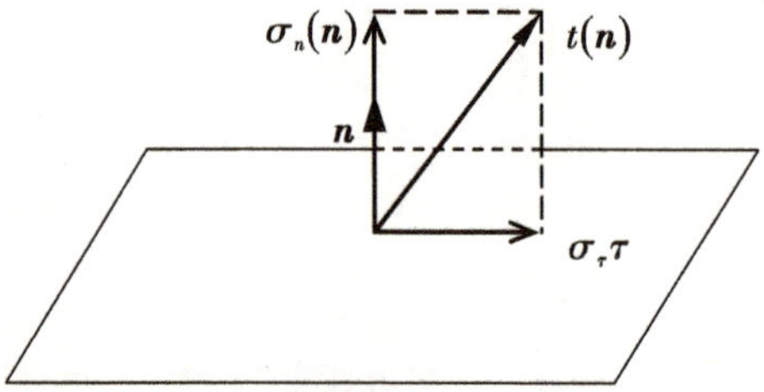

图3-2

即

$$\begin{cases} t_1(\boldsymbol{n}) = n_1\sigma_1 \\ t_2(\boldsymbol{n}) = n_2\sigma_2 \\ t_3(\boldsymbol{n}) = n_3\sigma_3 \end{cases} \tag{3.4.3}$$

此面上的正应力为

$$\sigma_n(\boldsymbol{n}) = \boldsymbol{t}(\boldsymbol{n})\cdot\boldsymbol{n} = n_1^2\sigma_1 + n_2^2\sigma_2 + n_3^2\sigma_3 \tag{3.4.4}$$

该面上的全应力为

$$\left|\boldsymbol{t}(\boldsymbol{n})\right|^2 = t_1^2(\boldsymbol{n}) + t_2^2(\boldsymbol{n}) + t_3^2(\boldsymbol{n}) = n_1^2\sigma_1^2 + n_2^2\sigma_2^2 + n_3^2\sigma_3^2 \tag{3.4.5}$$

切应力为

$$\tau^2(\boldsymbol{n}) = \left|\boldsymbol{t}(\boldsymbol{n})\right|^2 - \sigma_n^2(\boldsymbol{n}) = n_1^2\sigma_1^2 + n_2^2\sigma_2^2 + n_3^2\sigma_3^2 - n_1^2\sigma_1 + n_2^2\sigma_2 + n_3^2\sigma_3 \tag{3.4.6}$$

该式说明给定某一个面的法向矢量,就可确定该面的切应力。

$$n_1^2 + n_2^2 + n_3^2 = 1 \tag{3.4.7}$$

求最大切应力及其作用面的问题归结为在条件(3.4.7)下求函数$\tau(\boldsymbol{n}) = \tau(n_1, n_2, n_3)$的一个条件极值问题。利用乘子法,相当于求函数:

$$f(n_i, \lambda) = \tau^2(\boldsymbol{n}) - \lambda(n_1^2 + n_2^2 + n_3^2 - 1) \tag{3.4.8}$$

的极值问题。

将(3.4.6)代入(3.4.8)并化简得出

$$f(n_i, \lambda) = n_1^2n_2^2(\sigma_1 - \sigma_2)^2 + n_2^2n_3^2(\sigma_2 - \sigma_3)^2 + n_3^2n_1^2(\sigma_3 - \sigma_1)^2 - \lambda(n_1^2 + n_2^2 + n_3^2 - 1) \tag{3.4.9}$$

为了求 $f(n_i, \lambda)$ 的极值,令

$$\begin{cases} \dfrac{\partial f}{\partial n_i} = 0 \\ \dfrac{\partial f}{\partial \lambda} = 0 \end{cases} \tag{3.4.10}$$

将(3.4.8)代入(3.4.9)得出:

$$\begin{cases} 2n_1n_2^2(\sigma_1 - \sigma_2)^2 + 2n_1n_3^2(\sigma_1 - \sigma_3)^2 + 2\lambda n_1 = 0 \\ 2n_2n_3^2(\sigma_2 - \sigma_3)^2 + 2n_2n_1^2(\sigma_2 - \sigma_1)^2 + 2\lambda n_2 = 0 \\ 2n_3n_1^2(\sigma_3 - \sigma_1)^2 + 2n_3n_2^2(\sigma_3 - \sigma_2)^2 + 2\lambda n_3 = 0 \\ n_1^2 + n_2^2 + n_3^2 = 1 \end{cases} \tag{3.4.11}$$

由(3.4.11)的第一个式子可知一个解具有性质 $n_1 = 0$,在这个条件下,

(3.4.11)的第二、三个式子分别为

$$\begin{cases} n_2\left[2n_3^2(\sigma_2-\sigma_3)^2+2\lambda\right]=0 \\ n_3\left[2n_2^2(\sigma_3-\sigma_2)^2+2\lambda\right]=0 \end{cases} \tag{3.4.12}$$

联立(3.4.12)和(3.4.11)的第四个式子得出一组解如下：

$$\begin{cases} n_2=0 \\ n_3=\pm 1 \\ \lambda=0 \end{cases} \tag{3.4.13}$$

于是(3.4.11)式有一组解：$n_1=0$，$n_2=0$，$n_3=\pm 1$ 和 $\lambda=0$。此解代表第三主平面上的切应力 $\tau(\boldsymbol{n})=0$。

下面在 $n_1=0$ 的前提下求两个不同且不为零的解，即 $n_2\neq n_3\neq 0$。根据(3.4.12)可知其解必有性质：

$$n_2^2=n_3^2 \tag{3.4.14}$$

结合(3.4.11)的第四个式有

$$n_2^2=n_3^2=\frac{1}{2} \tag{3.4.15}$$

故得到一组解为

$$\begin{cases} n_1=0 \\ n_2^2=n_3^2=1/2 \\ \lambda=-(\sigma_2-\sigma_3)/2=-(\sigma_2-\sigma_3)/2 \end{cases} \tag{3.4.16}$$

根据对称性同样有

$$\begin{cases} n_2=0 \\ n_3^2=n_1^2=1/2 \\ \lambda=-(\sigma_3-\sigma_1)/2 \end{cases} \tag{3.4.17}$$

$$\begin{cases} n_3=0 \\ n_1^2=n_2^2=1/2 \\ \lambda=-(\sigma_2-\sigma_3)/2 \end{cases} \tag{3.4.18}$$

若将式(3.4.16)、(3.4.17)和(3.4.18)分别代入式(3.4.9)或(3.4.8)中，可得到这些平面上的切应力(极值)：

$$\begin{cases} \tau_1^2=\left(\dfrac{\sigma_2-\sigma_3}{2}\right)^2 \\ \tau_2^2=\left(\dfrac{\sigma_3-\sigma_1}{2}\right)^2 \\ \tau_3^2=\left(\dfrac{\sigma_1-\sigma_2}{2}\right)^2 \end{cases} \tag{3.4.19}$$

正应力 $\boldsymbol{\sigma}(\boldsymbol{n})$ 为

$$\begin{cases}\sigma^{(1)}(\boldsymbol{n})=\dfrac{\sigma_2+\sigma_3}{2}\\ \sigma^{(2)}(\boldsymbol{n})=\dfrac{\sigma_3+\sigma_1}{2}\\ \sigma^{(3)}(\boldsymbol{n})=\dfrac{\sigma_2+\sigma_2}{2}\end{cases}\tag{3.4.20}$$

不妨设 $\sigma_1\geqslant\sigma_2\geqslant\sigma_3$，则最大切应力为 τ_2：

$$\tau_{\max}=\tau_2=\frac{\sigma_1-\sigma_2}{2}\tag{3.4.21}$$

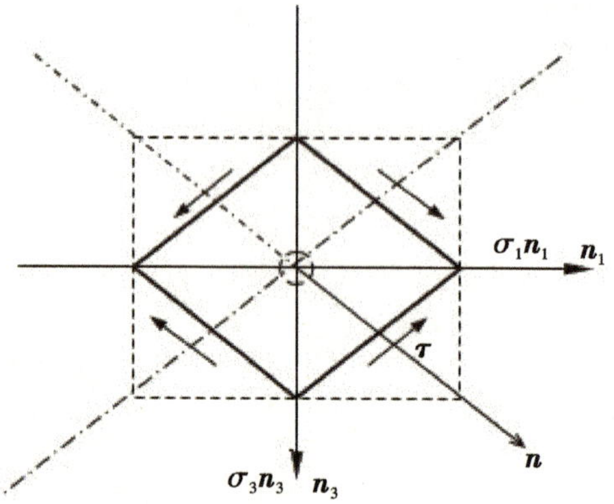

图3-3

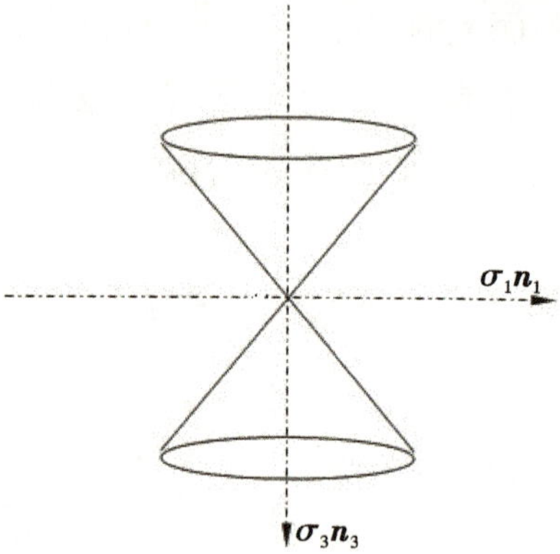

图3-4

其作用面上的单位法向矢量为

$$\boldsymbol{n}\overset{\text{主坐标系}}{=}\pm\left(\frac{\boldsymbol{e}_1\pm\boldsymbol{e}_3}{\sqrt{2}}\right)\overset{\text{一般坐标系}}{=}\pm\left(\frac{\boldsymbol{n}_1\pm\boldsymbol{n}_2}{\sqrt{2}}\right)\tag{3.4.22}$$

如此平分1、3坐标面有四种可能（图3-3），在 $\boldsymbol{n}=\dfrac{\boldsymbol{n}_1+\boldsymbol{n}_3}{\sqrt{2}}$ 面上的切应力矢量 $\boldsymbol{\tau}$ 将成为

$$\boldsymbol{\tau}=\frac{(\sigma_1-\sigma_3)}{2}\left(\frac{\boldsymbol{n}_1-\boldsymbol{n}_3}{\sqrt{2}}\right)=\frac{\sqrt{2}}{4}(\sigma_1-\sigma_3)(\boldsymbol{n}_1-\boldsymbol{n}_3)\tag{3.4.23}$$

其正应力为

$$\sigma^{(2)}(\boldsymbol{n})\boldsymbol{n}=\frac{\sigma_1-\sigma_3}{2}\boldsymbol{n}=\frac{\sqrt{2}(\sigma_1-\sigma_3)}{4}(\boldsymbol{n}_1+\boldsymbol{n}_3)\tag{3.4.24}$$

当 $\sigma_1=\sigma_2>\sigma_3$ 时，则与 $\boldsymbol{e}_3(\boldsymbol{n}_3)$ 垂直的平面内的任何方向都是达到主应力 $\sigma_1=\sigma_2$ 的主方向，故与 $\boldsymbol{e}_3(\boldsymbol{n}_3)$ 成45度的锥面内任何母线方向 $\boldsymbol{n}$ 都是达到最大切

应力 τ_2 的平面的法线方向(图3-4),而 $\tau_2=\frac{\sigma_1-\sigma_3}{2}=\frac{\sigma_2-\sigma_3}{2}$ 。

3.5　三维应力状态和三维莫尔圆

主坐标系中,单位法向矢量为 $\boldsymbol{n}$ 的面上的正应力 $\sigma_n(\boldsymbol{n})$ 、全应力 $|\boldsymbol{t}(\boldsymbol{n})|^2$ 和此面上的正应力为

$$\sigma_n(\boldsymbol{n})=n_1^2\sigma_1+n_2^2\sigma_2+n_3^2\sigma_3 \tag{3.5.1}$$

该面上的全应力为

$$|\boldsymbol{t}(\boldsymbol{n})|^2=n_1^2\sigma_1^2+n_2^2\sigma_2^2+n_3^2\sigma_3^2 \tag{3.5.2}$$

切应力为

$$\tau^2(\boldsymbol{n})=|\boldsymbol{t}(\boldsymbol{n})|^2-\sigma_n^2(\boldsymbol{n})=n_1^2\sigma_1^2+n_2^2\sigma_2^2+n_3^2\sigma_3^2-n_1^2\sigma_1+n_2^2\sigma_2+n_3^2\sigma_3 \tag{3.5.3}$$

外加一个

$$n_1^2+n_2^2+n_3^2=1 \tag{3.5.4}$$

这几个式子的物理意义为:①若给定某一面的法向矢量 $\boldsymbol{n}$,则由式(3.5.1)和(3.5.2)确定正应力和切应力,于是可决定应力状态。

②反之,若给定了某面上的应力状态,可根据式(3.5.1)(3.5.3)和(3.5.4)求得法向矢量 $\boldsymbol{n}$ 。其解为

$$\begin{cases} n_1^2=\dfrac{D_1}{D} \\ n_2^2=\dfrac{D_2}{D} \\ n_3^2=\dfrac{D_3}{D} \end{cases} \tag{3.5.5}$$

其中

$$\begin{cases} D=\begin{Vmatrix} 1 & 1 & 1 \\ \sigma_1 & \sigma_2 & \sigma_3 \\ \sigma_1^2 & \sigma_2^2 & \sigma_3^2 \end{Vmatrix}=(\sigma_1-\sigma_2)(\sigma_2-\sigma_3)(\sigma_3-\sigma_1) \\ D_1=\begin{Vmatrix} 1 & 1 & 1 \\ \sigma_n(\boldsymbol{n}) & \sigma_2 & \sigma_3 \\ \sigma_n^2(\boldsymbol{n})+\tau^2(\boldsymbol{n}) & \sigma_2^2 & \sigma_3^2 \end{Vmatrix} \\ D_2=\begin{Vmatrix} 1 & 1 & 1 \\ \sigma_1 & \sigma_n(\boldsymbol{n}) & \sigma_3 \\ \sigma_1^2 & \sigma_n^2(\boldsymbol{n})+\tau^2(\boldsymbol{n}) & \sigma_3^2 \end{Vmatrix} \\ D_2=\begin{Vmatrix} 1 & 1 & 1 \\ \sigma_1 & \sigma_2 & \sigma_n(\boldsymbol{n}) \\ \sigma_1^2 & \sigma_2^2 & \sigma_n^2(\boldsymbol{n})+\tau^2(\boldsymbol{n}) \end{Vmatrix} \end{cases} \tag{3.5.6}$$

当$\sigma_1\neq\sigma_2\neq\sigma_3\neq\sigma_1$时，$D\neq0$，(3.5.5)即为解，其中

$$\begin{cases} D_1=-(\sigma_2-\sigma_3)\left[\tau^2+(\sigma_n-\sigma_2)(\sigma_n-\sigma_3)\right] \\ D_2=-(\sigma_3-\sigma_1)\left[\tau^2+(\sigma_n-\sigma_3)(\sigma_n-\sigma_1)\right] \\ D_3=-(\sigma_1-\sigma_2)\left[\tau^2+(\sigma_n-\sigma_1)(\sigma_n-\sigma_2)\right] \end{cases} \tag{3.5.7}$$

(3.5.7)代入(3.5.5)得

$$\begin{cases} n_1^2=\dfrac{\tau^2+(\sigma_n-\sigma_2)(\sigma_n-\sigma_3)}{(\sigma_1-\sigma_2)(\sigma_1-\sigma_3)} \\ n_2^2=\dfrac{\tau^2+(\sigma_n-\sigma_3)(\sigma_n-\sigma_1)}{(\sigma_2-\sigma_3)(\sigma_2-\sigma_1)} \\ n_3^2=\dfrac{\tau^2+(\sigma_n-\sigma_1)(\sigma_n-\sigma_2)}{(\sigma_1-\sigma_3)(\sigma_3-\sigma_2)} \end{cases} \tag{3.5.8}$$

其中σ_1、σ_2和σ_3为已知的主应力，根据应力状态(τ，σ_n)就可定出法向矢量$\boldsymbol{n}$。

不妨设$\sigma_1\geqslant\sigma_2\geqslant\sigma_3$，因为$n_i^2\geqslant0\ (i=1,2,3)$，依据(3.5.8)有下列式子成立：

$$\begin{cases} \tau^2+(\sigma_n-\sigma_2)(\sigma_n-\sigma_3)\geqslant0 \\ \tau^2+(\sigma_n-\sigma_3)(\sigma_n-\sigma_3)\leqslant0 \\ \tau^2+(\sigma_n-\sigma_1)(\sigma_n-\sigma_2)\geqslant0 \end{cases} \tag{3.5.9}$$

配方可得

$$\begin{cases}\tau^2+\left[\sigma_n-\dfrac{\sigma_2+\sigma_3}{2}\right]^2\geqslant\left(\dfrac{\sigma_2-\sigma_3}{2}\right)^2\\\tau^2+\left[\sigma_n-\dfrac{\sigma_3+\sigma_1}{2}\right]^2\geqslant\left(\dfrac{\sigma_3-\sigma_1}{2}\right)^2\\\tau^2+\left[\sigma_n-\dfrac{\sigma_1+\sigma_2}{2}\right]^2\geqslant\left(\dfrac{\sigma_1-\sigma_2}{2}\right)^2\end{cases}\tag{3.5.10}$$

或表示为

$$\begin{cases}\tau^2+\left[\sigma_n-\sigma_n^{(1)}\right]^2\geqslant\tau_1^2\\\tau^2+\left[\sigma_n-\sigma_n^{(2)}\right]^2\geqslant\tau_2^2\\\tau^2+\left[\sigma_n-\sigma_n^{(3)}\right]^2\geqslant\tau_3^2\end{cases}\tag{3.5.11}$$

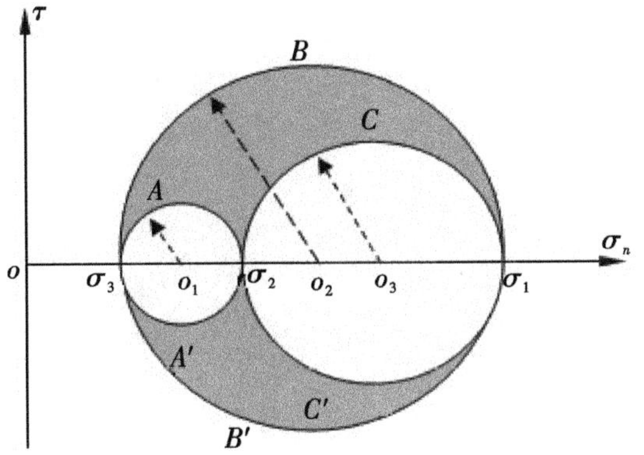

图3-5

主应力为 σ_i 的应力状态下，一切平面上应力状态 (τ,σ_n) 的点落在由式(3.5.11)表达的区域，也就是图3-5中的阴影区域。可见总切应力达到极值的有六个面，三个代表主平面 $\tau=0$，另三个为图中的 $A(A')$、$B(B')$ 和 $C(C')$，且应力分别为 τ_1、τ_2 和 τ_3，而 $B(B')$ 点对应的切应力最大：

$$\|\tau_{\max}\|=\tau_2\equiv\frac{\sigma_1-\sigma_3}{2}\tag{3.5.12}$$

其上正应力为

$$\sigma_n=\sigma_n^{(2)}=\frac{\sigma_1+\sigma_3}{2}\tag{3.5.13}$$

将这两个式子代入式(3.5.8)就得到该面上法向矢量：

$$\begin{cases} n_1^2 = 0 \\ n_2^2 = 0 \\ n_3^2 = 1/2 \end{cases} \tag{3.5.14}$$

这个面平分1、3主方向的。

3.6 二维应力状态和二维莫尔圆

二维应力状态：

$$[\sigma_{ij}] = \begin{bmatrix} \sigma_{11} & \sigma_{12} & 0 \\ \sigma_{21} & \sigma_{22} & 0 \\ 0 & 0 & 0 \end{bmatrix} \tag{3.6.1}$$

在主坐标系中为

$$[\sigma_{ij}] = \begin{bmatrix} \sigma_1 & 0 & 0 \\ 0 & \sigma_2 & 0 \\ 0 & 0 & 0 \end{bmatrix} \tag{3.6.2}$$

广义应力状态：

$$[\sigma_{ij}] = \begin{bmatrix} \sigma_{11} & \sigma_{12} & 0 \\ \sigma_{21} & \sigma_{22} & 0 \\ 0 & 0 & \sigma_{33} \end{bmatrix} \tag{3.6.3}$$

同样，主坐标系为

$$[\sigma_{ij}] = \begin{bmatrix} \sigma_1 & 0 & 0 \\ 0 & \sigma_2 & 0 \\ 0 & 0 & \sigma_3 \end{bmatrix} \tag{3.6.4}$$

通过 x_3 轴的任意平面，即法线位于 x_1x_2 平面内的任意平面的单位法向矢量（图3-6）表示为

$$\boldsymbol{n} = \begin{bmatrix} n_1 \\ n_2 \\ n_3 \end{bmatrix} = \begin{bmatrix} \cos\theta \\ \sin\theta \\ 0 \end{bmatrix} \tag{3.6.5}$$

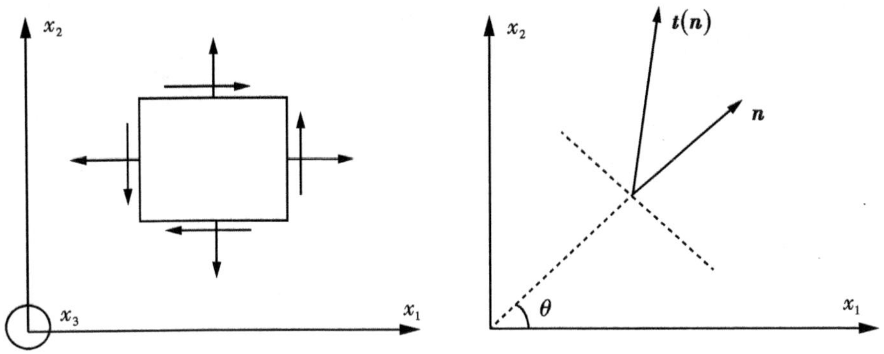

(a)　　　　　　　　(b)

图 3-6

主坐标系中，面 $\boldsymbol{n}$ 上的应力矢量：

$$\boldsymbol{t}(\boldsymbol{n})=\boldsymbol{n}\cdot\boldsymbol{\sigma} \tag{3.6.6}$$

即

$$\begin{cases} t_1(\boldsymbol{n})=n_1\sigma_1=\sigma_1\cos\theta \\ t_2(\boldsymbol{n})=n_2\sigma_2=\sigma_2\sin\theta \\ t_3(\boldsymbol{n})=n_3\sigma_3=0 \end{cases} \tag{3.6.7}$$

其上正应力和总切应力分别为

$$\begin{cases} \sigma_n=\boldsymbol{t}(\boldsymbol{n})\cdot\boldsymbol{n}=\sigma_1 n_1^2+\sigma_2 n_2^2=\sigma_1\cos^2\theta+\sigma_2\sin^2\theta \\ \tau^2=\left|\boldsymbol{t}(\boldsymbol{n})\right|^2-\sigma_n^2=\left|\sigma_1^2\cos^2\theta+\sigma_2^2\sin^2\theta\right|-\left[\sigma_1\cos^2\theta+\sigma_2\sin^2\theta\right]^2 \end{cases} \tag{3.6.8}$$

整理为

$$\sigma_n=\sigma_1\cos^2\theta+\sigma_2\sin^2\theta=\frac{\sigma_1+\sigma_2}{2}+\frac{\sigma_1-\sigma_2}{2}\cos 2\theta \tag{3.6.9}$$

$$\tau^2=\left(\frac{\sigma_1-\sigma_2}{2}\right)^2\sin^2 2\theta \tag{3.6.10}$$

(3.6.10)即为

$$\tau=\pm\left(\frac{\sigma_1-\sigma_2}{2}\right)\sin 2\theta \tag{3.6.11}$$

这里不妨设 $\sigma_1\geqslant\sigma_2$，则图 3-7 中的 $\boldsymbol{n}$ 面上的切应力必然如图所示：由 $\boldsymbol{n}$ 向顺时针方向旋转，若规定从 $\boldsymbol{n}$ 面向顺时针方向旋转的切应力为“+”，则

$$\tau=\left(\frac{\sigma_1-\sigma_2}{2}\right)\sin 2\theta \tag{3.6.12}$$

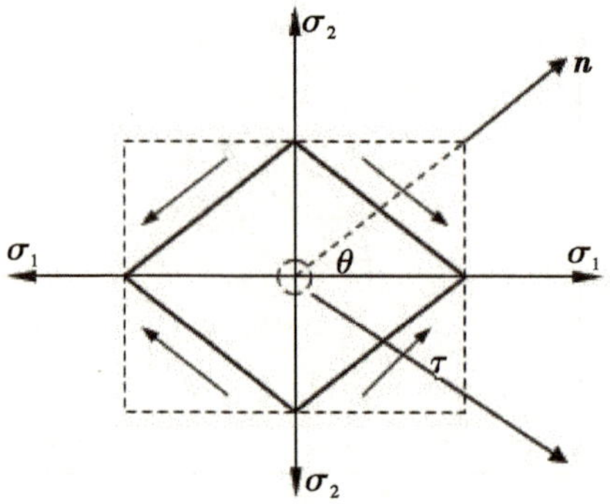

图3-7

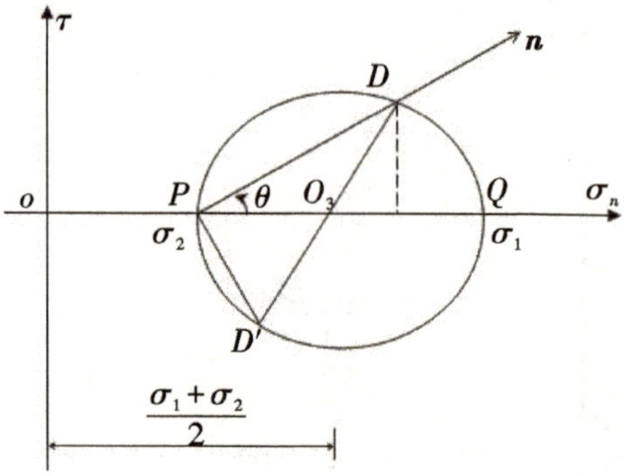

图3-8

在平面(σ_n , τ)上,(3.6.9)与(3.6.12)代表了一个以 θ 为参数的圆的参数方程,其圆心为($\frac{\sigma_1+\sigma_2}{2}$,0),半径为 $\frac{\sigma_1-\sigma_2}{2}$ 。图3-8中的 PD 方向恰为沿 $\boldsymbol{n}$ 的方向。

(3.6.9)与(3.6.12)合写为莫尔圆的方程:

$$\left(\sigma_n-\frac{\sigma_1+\sigma_2}{2}\right)^2+\tau=\left(\frac{\sigma_1+\sigma_2}{2}\right)^2 \tag{3.6.13}$$

式(3.6.9)与(3.6.12)的含义为:

(i)若知道主应力 $\sigma_1 \geqslant \sigma_2$,则可由这两个式子作莫尔圆,如图3-8。任何一条法线与 σ_1 主方向夹角为 θ 的平面上的应力状态 $D(\sigma_n, \tau)$,可由 $P(\sigma_2, 0)$ 点引一条与 σ_1 轴成 θ 角的直线 PD 与圆的交点 $D(\sigma_n, \tau)$ 而得出。

(ii)反之,若知道与主方向 $\boldsymbol{n}_3$ 垂直的平面内两个互相垂直的平面 $\boldsymbol{n}$ 、$\boldsymbol{n}'$ 上的应力状态 $D(\sigma_n, \tau)$ 和 $D'(\sigma_n', \tau)$,以 DD' 为直径也可作莫尔圆,该圆与 σ_1 轴的两个交点即给出 $\sigma_1 \geqslant \sigma_2$ 。上图也给出了两个主应力相对应的方向。

3.7 应力张量的流体动压和偏量分解

工程实践上常将应力张量 $\boldsymbol{\sigma}$ 作应力球张量 $\boldsymbol{p}$ 和应力偏量 $\boldsymbol{s}$ 分解:

$$\boldsymbol{\sigma}=-p\boldsymbol{I}+\boldsymbol{s} \tag{3.7.1}$$

采用分量表示为

$$\sigma_{ij}=-p\delta_{ij}+s_{ij} \tag{3.7.2}$$

应力球张量：

$$p=-\frac{\sigma_{ij}}{3}=-\frac{\sigma_{11}+\sigma_{22}+\sigma_{33}}{3}=-\frac{\sigma_1+\sigma_2+\sigma_3}{3} \tag{3.7.3}$$

应力偏量(偏应力张量) s_{ij} ：

$$s_{ij}=\begin{bmatrix} s_x & s_{xy} & s_{xz} \\ s_{yx} & s_y & s_{yz} \\ s_{zx} & s_{zy} & s_z \end{bmatrix}=\begin{bmatrix} s_x & \tau_{xy} & \tau_{xz} \\ \tau_{yx} & s_y & \tau_{yz} \\ \tau_{zx} & \tau_{zy} & s_z \end{bmatrix} \tag{3.7.4}$$

应力球张量表示各向等值应力状态，即静水压力情况。在弹性力学和传统的塑性理论中，认为静水压力不影响屈服，只有应力偏量才显示出与塑性变形有关。所以塑性变形与静水压力无关，而只与偏应力有关。应力球张量只产生体积改变，不产生形状改变；应力偏量只产生形状改变，不产生体积改变。

易证：应力偏量 $\boldsymbol{s}$ 和应力张量 $\boldsymbol{\sigma}$ 具有相同的主方向；应力偏量 $\boldsymbol{s}$ 和应力张量 $\boldsymbol{\sigma}$ 的主值差一个 p 。

事实上，设 $\boldsymbol{n}$ 是与主应力 σ 相对应的主方向，则由定义有

$$\boldsymbol{n}\cdot\boldsymbol{\sigma}=\boldsymbol{\sigma}\cdot\boldsymbol{n}=\sigma\boldsymbol{n} \tag{3.7.5}$$

于是，若设 $s=\sigma+p$ ，则

$$\sigma=s-p \tag{3.7.6}$$

根据(3.7.5)得

$$\boldsymbol{\sigma}\cdot\boldsymbol{n}=[\boldsymbol{s}-p\boldsymbol{I}]\cdot\boldsymbol{n}=\sigma\boldsymbol{n}=[s-p]\boldsymbol{n} \tag{3.7.7}$$

因为

$$p\boldsymbol{I}\cdot\boldsymbol{n}=p\boldsymbol{n} \tag{3.7.8}$$

由(3.7.7)和(3.7.8)推出

$$\boldsymbol{s}\cdot\boldsymbol{n}=s\boldsymbol{n} \tag{3.7.9}$$

该式和(3.7.5)即证明了该结论。

当然，类似于求 $\boldsymbol{\sigma}$ 的主值、主方向一样，可求出 $\boldsymbol{s}$ 的主值与主方向。设 s 为 $\boldsymbol{s}$ 的特征值(主值)，则可由其特征方程主方向 $\boldsymbol{n}$ ，由(3.7.9)可得出

$$(\boldsymbol{s}-s\boldsymbol{I})\cdot\boldsymbol{n}=0 \tag{3.7.10}$$

(3.7.10)对 $\boldsymbol{n}$ 有非零解，于是有特征方程：

$$\|\boldsymbol{s}-s\boldsymbol{I}\|=\|s_{ij}-s\delta_{ij}\|=0 \tag{3.7.11}$$

展开此式为

$$s^3-J_1s^2-J_2s-J_3=0 \tag{3.7.12}$$

其中，s 的第一、二、三不变量 J_1、J_2 和 J_3 分别为

$$\begin{cases} J_1=s_x+s_y+s_z=s_1+s_2+s_3=s_{ij}=0 \\ J_2=\dfrac{1}{6}\left[\left(\sigma_x-\sigma_y\right)^2+\left(\sigma_y-\sigma_z\right)^2+\left(\sigma_z-\sigma_x\right)^2+6\left(\tau_{xy}^2+\tau_{yz}^2+\tau_{zx}^2\right)\right] \\ \quad =\dfrac{1}{2}\left(s_x^2+s_y^2+s_z^2\right)+\tau_{xy}^2+\tau_{yz}^2+\tau_{zx}^2=\dfrac{1}{2}s_{ij}s_{ij} \\ J_3=s_1s_2s_3=\left(\sigma_1+p\right)\left(\sigma_2+p\right)\left(\sigma_3+p\right) \end{cases} \tag{3.7.13}$$

它们的几个变换式子也要熟悉：

$$J_2=-\begin{Vmatrix} s_x & s_{xy} \\ s_{xy} & s_y \end{Vmatrix}-\begin{Vmatrix} s_y & s_{yz} \\ s_{yz} & s_z \end{Vmatrix}-\begin{Vmatrix} s_x & s_{xz} \\ s_{xz} & s_z \end{Vmatrix}=-\left(s_xs_y+s_ys_z+s_zs_x\right)+s_{xy}^2+s_{yz}^2+s_{zx}^2 \tag{3.7.14}$$

由于 $s_1+s_2+s_3=0$，两边平方得出

$$s_{xy}^2+s_{yz}^2+s_{zx}^2=-2\left(s_xs_y+s_ys_z+s_zs_x\right) \tag{3.7.15}$$

(3.7.15)代入(3.7.16)有

$$J_2=\frac{1}{2}\left(s_x^2+s_y^2+s_z^2\right)+s_{xy}^2+s_{yz}^2+s_{zx}^2 \tag{3.7.16}$$

第四章

连续介质的运动和变形

4.1 连续介质运动规律和各物理量的L、E氏描述

4.1.1 连续介质模型

客观物质世界中,任何物质都是“粒子”(或微团)的集合体。在连续介质中的粒子,必须满足:(1)宏观上足够小——几何上的点,可用场论的工具来描述;(2)微观上又要足够的大,要含有足够多的分子、原子和离子等——粒子的物理量相对稳定,可用统计方法在每一时刻使得粒子均有一个相对稳定的值。

4.1.2 连续介质的运动物质描述和空间描述

构形是指任一时刻物体所占的空间区域连同它的全部粒子在此区域中位置的分配。其中初始构形记作 B ,物体在某一时刻 t 的构形称为瞬时构形,记作 b 。为了描述一个粒子在初始构形和瞬时构形中的位置,我们可分别取Lagrange坐标和Euler坐标。这两个坐标系可相同也可不相同。粒子的初始坐标又叫做物质坐标(或L氏坐标),瞬时坐标可称为空间坐标(或E氏坐标)。

介质的运动规律:

$$x_i = x_i\left(X_1,\ X_2,\ X_3,\ t\right) \quad X_I \in \mathrm{B} \tag{4.1.1}$$

或

$$\boldsymbol{x} = \boldsymbol{x}\left(\boldsymbol{X},\ t\right) \quad \boldsymbol{X} \in \mathrm{B} \tag{4.1.2}$$

$t=0$ 时, L 氏坐标为 X 的粒子,在 t 时到达 E 氏坐标为 x 的地方,当

$$J=\left\|\frac{\partial x_i}{\partial X_J}\right\|\neq 0 \tag{4.1.3}$$

则(4.1.1)有唯一的反函数：

$$X_J=X_J(x_1,\ x_2,\ x_3,\ t)\ \text{或}\ \boldsymbol{X}=\boldsymbol{X}(\boldsymbol{x},\ t) \tag{4.1.4}$$

即 t 时刻 E 氏坐标中的 x 粒子在 $t=0$ 时处于 L 氏坐标 X 的地方。

4.1.3 各物理量的L、E氏描述

L氏描述：

$$f=f(X_i,\ t)\ \text{或}\ f=f(\boldsymbol{X},\ t) \tag{4.1.5}$$

E氏描述：

$$f=f(x_i,\ t)\ \text{或}\ f=f(\boldsymbol{x},\ t) \tag{4.1.6}$$

对于矢量 $\boldsymbol{b}$ 和二阶张量 $\boldsymbol{T}$ 均可这样表示。

当L氏标架和E式标架一样时，则有

$$\boldsymbol{x}=\boldsymbol{X}+\boldsymbol{u} \tag{4.1.7}$$

分量表示为

$$x_i=X_i+u_i \tag{4.1.8}$$

其中 $\boldsymbol{u}$ 为位移矢量。

如对位移矢量 $\boldsymbol{u}$ 取L氏坐标描述，则有

$$x_i=X_i+u_i(X_1,\ X_2,\ X_3,\ t) \tag{4.1.9}$$

或

$$\boldsymbol{x}=\boldsymbol{X}+\boldsymbol{u}(\boldsymbol{X},\ t) \tag{4.1.10}$$

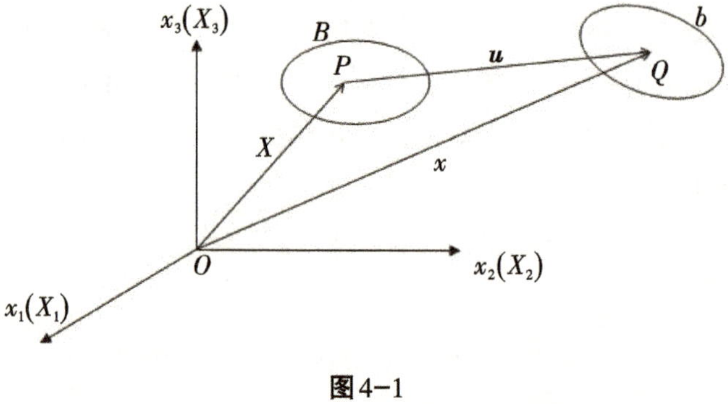

图4-1

对于任意的量 f 、$\boldsymbol{b}$ 和 $\boldsymbol{T}$ ，如(4.1.11)所示，其随体导数(即物质导数)就是

指跟随某一确定的物质“粒子”所感受到量 f 、$\boldsymbol{b}$ 和 $\boldsymbol{T}$ 的随时间变化率。

$$\begin{cases} f=f(\boldsymbol{X},t) \\ \boldsymbol{b}=\boldsymbol{b}(\boldsymbol{X},t) \\ \boldsymbol{T}=\boldsymbol{T}(\boldsymbol{X},t) \end{cases} \tag{4.1.11}$$

显然，当采用L氏描述时，随体导数就等于该量对时间 t 的偏导数，记作：

$$\begin{cases} \dot{f}=\dfrac{Df}{Dt}=\left.\dfrac{f(\boldsymbol{X},t)}{\partial t}\right|_{\boldsymbol{X}} \\ \dot{\boldsymbol{b}}=\dfrac{D\boldsymbol{b}}{Dt}=\left.\dfrac{\partial \boldsymbol{b}(\boldsymbol{X},t)}{\partial t}\right|_{\boldsymbol{X}} \\ \dot{\boldsymbol{T}}=\dfrac{D\boldsymbol{T}}{Dt}=\left.\dfrac{\partial \boldsymbol{T}(\boldsymbol{X},t)}{\partial t}\right|_{\boldsymbol{X}} \end{cases} \tag{4.1.12}$$

用L氏描述时，随体导数很简单，就是对时间求偏导。特别地，当取 $\boldsymbol{b}=\boldsymbol{x}$ 或 $\boldsymbol{b}=\boldsymbol{u}$ 时，即得到该粒子的质点速度：

$$\boldsymbol{v}=\left.\frac{\partial \boldsymbol{x}(\boldsymbol{X},t)}{\partial t}\right|_{\boldsymbol{X}}=\left.\frac{\partial \boldsymbol{u}(\boldsymbol{X},t)}{\partial t}\right|_{\boldsymbol{X}} \tag{4.1.13}$$

或者表示为

$$v_i=\left.\frac{\partial x_i}{\partial t}\right|_{\boldsymbol{X}}=\left.\frac{\partial u_i}{\partial t}\right|_{\boldsymbol{X}} \tag{4.1.14}$$

当取 $\boldsymbol{b}=\boldsymbol{v}$ 时，有

$$\boldsymbol{a}=\left.\frac{\partial \boldsymbol{u}}{\partial t}\right|_{\boldsymbol{X}}=\left.\frac{\partial^2 \boldsymbol{x}}{\partial \boldsymbol{x}^2}\right|_{\boldsymbol{X}} \tag{4.1.15}$$

L氏描述和E氏描述之间可以相互转换：

$$f\overset{(4.1.5)}{=}f(\boldsymbol{X},t)\overset{(4.1.4)}{=}f(\boldsymbol{X}(\boldsymbol{x},t))\equiv f(\boldsymbol{x},t) \tag{4.1.16}$$

同理有

$$\begin{cases} \boldsymbol{b}=\boldsymbol{b}(\boldsymbol{X},t)=\cdots\equiv \boldsymbol{b}(\boldsymbol{x},t) \\ \boldsymbol{T}=\boldsymbol{T}(\boldsymbol{X},t)=\cdots\equiv \boldsymbol{T}(\boldsymbol{x},t) \end{cases} \tag{4.1.17}$$

当然，我们也可以有E氏描述转换为L氏描述：

$$f\overset{(4.1.6)}{=}f(\boldsymbol{x},t)\overset{(4.1.2)}{=}f(\boldsymbol{x}(\boldsymbol{X},t))\equiv f(\boldsymbol{X},t) \tag{4.1.18}$$

类似地，

$$\begin{cases} \boldsymbol{b}=\boldsymbol{b}(x,t)=\cdots\equiv\boldsymbol{b}(\boldsymbol{X},t) \\ \boldsymbol{T}=\boldsymbol{T}(x,t)=\cdots\equiv\boldsymbol{T}(\boldsymbol{X},t) \end{cases} \tag{4.1.19}$$

于是可由复合函数的求导连锁法则，很容易由上式求得各量的 f 、$\boldsymbol{b}$ 和 $\boldsymbol{T}$ 的随体导数：

$$\begin{aligned} \dot{f}=\frac{Df}{Dt}=\left.\frac{f(\boldsymbol{X},t)}{\partial t}\right|_X &= \left.\frac{f(x,t)}{\partial t}\right|_x+\left.\frac{f(x,t)}{\partial \boldsymbol{x}}\right|_t\cdot\left.\frac{\partial \boldsymbol{x}(\boldsymbol{X},t)}{\partial t}\right|_X \\ &=\left.\frac{\partial f}{\partial t}\right|_x+f\overleftarrow{\nabla}\cdot\boldsymbol{v}=\left.\frac{\partial f}{\partial t}\right|_x+\boldsymbol{v}\cdot\overrightarrow{\nabla}f \end{aligned} \tag{4.1.20}$$

同理有

$$\begin{cases} \dot{\boldsymbol{b}}=\cdots=\left.\dfrac{\partial \boldsymbol{b}}{\partial t}\right|_x+\boldsymbol{v}\cdot\overrightarrow{\nabla}\boldsymbol{b} \\ \dot{\boldsymbol{T}}=\cdots=\left.\dfrac{\partial \boldsymbol{T}}{\partial t}\right|_x+\boldsymbol{v}\cdot\overrightarrow{\nabla}\boldsymbol{T} \end{cases} \tag{4.1.21}$$

对于式(4.1.20)可以写为

$$\dot{f}=\left.\frac{\partial f}{\partial t}\right|_x+f\nabla_i v_i=\left.\frac{\partial f}{\partial t}\right|_x+v_i\nabla_i f \tag{4.1.22}$$

对于(4.1.20)可写为

$$\dot{f}=\left.\frac{\partial f}{\partial t}\right|_x+f\overleftarrow{\nabla}\cdot\boldsymbol{v} \tag{4.1.23}$$

对于该式而言，右边第一项为局部导数，由场的不定常性引起；右边第二项为迁移导数，由粒子以质点速度 $\boldsymbol{v}$ 在具有梯度 $f\overleftarrow{\nabla}$ 或 $\overrightarrow{\nabla}f$ 中的不均匀场中迁移造成。

4.2 连续介质的微小运动变形与工程应变张量

4.2.1 一点附近连续介质运动和变形分解

图 4-2 中 p_3 点的运动可分为三步走：(1)作一个和极点 o 同样的位移 $\overrightarrow{pp_1}=\overrightarrow{oo_1}$（平移）；(2)绕点 o_1 过平面 $o_1p_1p_3$ 的轴线旋转一个无穷小的转角 ϕ 而达

到 p_2，产生位移 $\overrightarrow{p_1p_2}$（旋转）；(3)使得 o_1p_2 产生纯变形，而将 p_2 拉到 p_3，其间产生位移 $\overrightarrow{p_2p_3}$（纯变形）。

如此则有

$$\overrightarrow{pp_3} = \overrightarrow{pp_1} + \overrightarrow{p_1p_2} + \overrightarrow{p_2p_3} \tag{4.2.1}$$

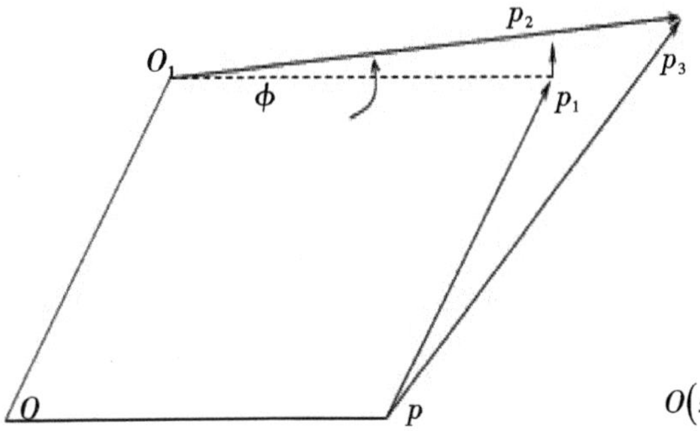

图4-2

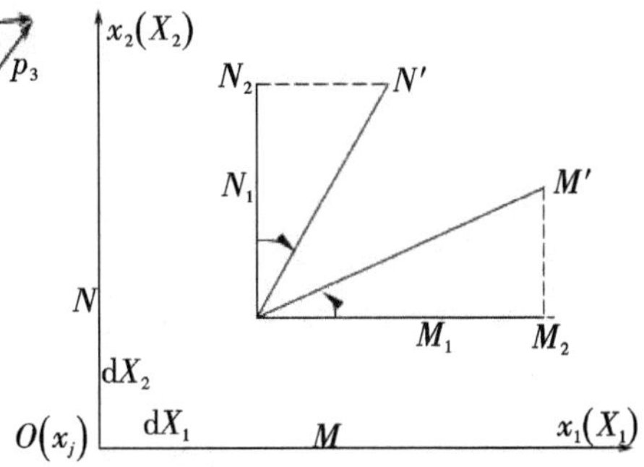

图4-3

4.2.2　工程应变

设对介质运动规律用L氏描述，则有

$$\boldsymbol{x} = \boldsymbol{X} + \boldsymbol{u}(\boldsymbol{X}, t) \tag{4.2.2}$$

或表示为

$$x_i = X_i + u_i(X_j, t) \quad (i = 1, 2, 3) \tag{4.2.3}$$

如图4-3所示，变形前位于 X_1 轴上的线元 OM 的端点坐标为

$$O(X_1, X_2, X_3) \ ; \ M(X_1 + dX_1, X_2, X_3)$$

变形前位于 X_2 上线元 ON 的端点坐标为

$$O(X_1, X_2, X_3) \ ; \ N(X_1, X_2 + dX_2, X_3)$$

变形后，在 X_1X_2 面上的投影为 OM' 和 ON'，它们在 X_1、X_2 轴上的投影分别为 $O'M_2$ 和 $O'N_2$。先看变形前位于 X_1 轴上的长为 dX_1 的线元 OM，变形后在自身 X_1 方向上的投影伸长了 M_1M_2，它是由于两个端点 M 和 O 在 X_1 方向上的位移 u_1 的不均匀所造成的，而这种不均匀性又是由于 M 和 O 分别具有坐标 $M(X_1 + dX_1, X_2, X_3)$ 和 $O(X_1, X_2, X_3)$ 所造成的。

$$M_1M_2 = u_1(M) - u_1(O) = u_1(X_1 + dX_1, X_2, X_3) - u_1(X_1, X_2, X_3) \approx \left.\frac{\partial u_1}{\partial X_1}\right|_X dX_1 \tag{4.2.4}$$

变形前位于 X_1 轴上长为 dX_1 的线元 OM 变形后在自身 X_1 方向投影的相对伸长为工程应变,设为 ε_{11},则

$$\varepsilon_{11}=\frac{\partial u_1}{\partial x_1}dX_1/dX_1=\frac{\partial u_1}{\partial x_1} \tag{4.2.5}$$

类似地,

$$\varepsilon_{22}=\frac{\partial u_2}{\partial x_2}dX_2/dX_2=\frac{\partial u_2}{\partial x_2} \tag{4.2.6}$$

$$\varepsilon_{33}=\frac{\partial u_3}{\partial x_3}dX_3/dX_3=\frac{\partial u_3}{\partial x_3} \tag{4.2.7}$$

变形前位于 X_1 轴和 X_2 轴上线元 dX_1 和 dX_2 变形后在自身平面 X_1X_2 上投影的夹角减少为 $\varphi_1+\varphi_2$,其中

$$\begin{aligned}\varphi_1\approx \operatorname{tg}\varphi_1&=\frac{u_2(M)-u_2(O)}{O'M_2}=\frac{u_2(X_1+dX_1,X_2,X_3)-u_2(X_1,X_2,X_3)}{dX_1\left(1+\frac{\partial u_1}{\partial X_1}\right)}\\&\approx\frac{\partial u_2}{\partial X_1}dX_1\frac{1}{dX_1}\left(1-\frac{\partial u_1}{\partial X_1}\right)\approx\frac{\partial u_2}{\partial X_1}\end{aligned} \tag{4.2.8}$$

类似地,

$$\varphi_2\approx \operatorname{tg}\varphi_2=\frac{u_2(N)-u_1(O)}{O'N_2}=\cdots\approx\frac{\partial u_2}{\partial X_1} \tag{4.2.9}$$

故

$$\varphi_1+\varphi_2=\frac{\partial u_2}{\partial X_1}+\frac{\partial u_1}{\partial X_2} \tag{4.2.10}$$

定义:变形前位于 X_1 轴和 X_2 轴上线元 dX_1 和 dX_2,变形后在自身平面 X_1X_2 上投影的夹角减少的一半,$(\varphi_1+\varphi_2)/2$ 为 O 点处的工程剪应变,记为 ε_{12}:

$$\begin{cases}\varepsilon_{12}=\varepsilon_{21}=\dfrac{1}{2}\left(\dfrac{\partial u_2}{\partial X_1}+\dfrac{\partial u_1}{\partial X_2}\right)\\ \varepsilon_{23}=\varepsilon_{32}=\dfrac{1}{2}\left(\dfrac{\partial u_3}{\partial X_2}+\dfrac{\partial u_2}{\partial X_1}\right)\\ \varepsilon_{13}=\varepsilon_{31}=\dfrac{1}{2}\left(\dfrac{\partial u_3}{\partial X_1}+\dfrac{\partial u_1}{\partial X_3}\right)\end{cases} \tag{4.2.11}$$

于是得到一个对称的二阶系统 ε_{ij} 如下

$$\varepsilon_{ij}=\frac{1}{2}\left(\frac{\partial u_i}{\partial X_j}+\frac{\partial u_j}{\partial X_i}\right)=\frac{1}{2}\left(u_i\overleftarrow{\nabla}_j+\overrightarrow{\nabla}_i u_j\right)\quad(i,j=1,2,3) \tag{4.2.12}$$

由此可见，$\boldsymbol{\varepsilon}_{ij}=\boldsymbol{\varepsilon}_{ji}$，即

$$\boldsymbol{\varepsilon}=\boldsymbol{\varepsilon}^T \tag{4.2.13}$$

显然，式(4.2.12)定义的二阶系统为二阶张量。

证明：因为 u_i 为矢量，故 $\dfrac{\partial u_i}{\partial X_j}$ 和 $\dfrac{\partial u_j}{\partial X_i}$ 为二阶张量。笛卡尔坐标系下的变换式子为

$$\begin{cases}\bar{e}_i=\beta_{ij}e_j\\ e_i=\beta_{ji}\bar{e}_j\end{cases} \tag{4.2.14}$$

则

$$\beta_{ij}=\bar{e}_i\cdot\boldsymbol{e}_j \tag{4.2.15}$$

$$\beta_{ik}\beta_{jk}=\delta_{ij}=\beta_{ki}\beta_{kj} \tag{4.2.16}$$

则有

$$\begin{cases}\bar{u}_k=\beta_{ki}u_i\\ X_j=\beta_{kj}\bar{X}_k\end{cases} \tag{4.2.17}$$

因为 $\boldsymbol{u}$、$\boldsymbol{X}$ 均为矢量，且有

$$\frac{\partial X_j}{\partial \bar{X}_i}=\beta_{kj}\frac{\partial \bar{X}_k}{\partial \bar{X}_i}=\beta_{kj}\delta_{ki}=\beta_{ij} \tag{4.2.18}$$

于是有

$$\begin{aligned}\bar{\varepsilon}_{kl}&=\frac{1}{2}\left(\frac{\partial \bar{u}_k}{\partial \bar{X}_l}+\frac{\partial \bar{u}_l}{\partial \bar{X}_k}\right)=\frac{1}{2}\left(\frac{(\beta_{ki}u_i)}{\partial \bar{X}_l}+\frac{(\beta_{li}u_i)}{\partial \bar{X}_k}\right)=\frac{1}{2}\left(\frac{(\beta_{ki}u_i)}{\partial X_j}\frac{\partial X_j}{\partial \bar{X}_l}+\frac{(\beta_{li}u_i)}{\partial X_j}\frac{\partial X_j}{\partial \bar{X}_k}\right)\\ &=\frac{1}{2}\left(\beta_{ki}\frac{\partial u_i}{\partial X_j}\beta_{lj}+\beta_{li}\frac{\partial u_i}{\partial X_j}\beta_{kj}\right)\end{aligned} \tag{4.2.19}$$

将括号里的第二项下标 i、j 指标互换一下，即得出

$$\bar{\varepsilon}_{kl}=\beta_{ki}\beta_{lj}\varepsilon_{ij} \tag{4.2.20}$$

采用矩阵表示为

$$[\bar{\varepsilon}]=[\beta]\,[\varepsilon]\,[\beta]^T \tag{4.2.21}$$

该式即为

$$\bar{\varepsilon}_{kl}=\begin{bmatrix}\beta_{k1} & \beta_{k2} & \beta_{k3}\end{bmatrix}\begin{bmatrix}\varepsilon_{ij}\end{bmatrix}\begin{bmatrix}\beta_{l1}\\ \beta_{l2}\\ \beta_{l3}\end{bmatrix} \tag{4.2.22}$$

或者

$$\bar{\varepsilon}_{kl}=\bar{e}_k\cdot\boldsymbol{\varepsilon}\cdot\bar{e}_l \tag{4.2.23}$$

推而广之,

$$\boldsymbol{\varepsilon}(\boldsymbol{n})=\boldsymbol{n}\cdot\boldsymbol{\varepsilon}\cdot\boldsymbol{n} \tag{4.2.24}$$

$$\varepsilon(n_1,n_2)=n_1\cdot\boldsymbol{\varepsilon}\cdot n_2 \tag{4.2.25}$$

对于应变 $\boldsymbol{\varepsilon}$ 也可和对应力 $\boldsymbol{\sigma}$ 一样,其主值(主应变) ε 可如下求解:

$$\boldsymbol{\varepsilon}\cdot\boldsymbol{n}=\varepsilon\boldsymbol{n} \tag{4.2.26}$$

即

$$\varepsilon_{ij}n_j=\varepsilon\delta_{ij}n_j \tag{4.2.27}$$

$$(\varepsilon_{ij}-\varepsilon\delta_{ij})n_j=0 \tag{4.2.28}$$

因为 $n_j=0$,故得出

$$\left\|\varepsilon_{ij}-\varepsilon\delta_{ij}\right\|=-\varepsilon^3+I_1'\varepsilon^2-I_2'\varepsilon+I_3'=0 \tag{4.2.29}$$

应变张量也存在三个应变不变量,分别为 I_1'、I_2' 和 I_3'。其值分别为

$$\left.\begin{aligned}
&I_1'=\varepsilon_{11}+\varepsilon_{22}+\varepsilon_{33}=\varepsilon_x+\varepsilon_y+\varepsilon_z\\
&I_2'=-\begin{Vmatrix}\varepsilon_{11}&\varepsilon_{12}\\ \varepsilon_{21}&\varepsilon_{22}\end{Vmatrix}-\begin{Vmatrix}\varepsilon_{22}&\varepsilon_{23}\\ \varepsilon_{32}&\varepsilon_{33}\end{Vmatrix}-\begin{Vmatrix}\varepsilon_{11}&\varepsilon_{13}\\ \varepsilon_{31}&\varepsilon_{33}\end{Vmatrix}=-\begin{Vmatrix}\varepsilon_x&\varepsilon_{xy}\\ \varepsilon_{yx}&\varepsilon_y\end{Vmatrix}-\begin{Vmatrix}\varepsilon_y&\varepsilon_{yz}\\ \varepsilon_{zy}&\varepsilon_z\end{Vmatrix}-\begin{Vmatrix}\varepsilon_x&\varepsilon_{xz}\\ \varepsilon_{zx}&\varepsilon_z\end{Vmatrix}\\
&I_3'=\begin{Vmatrix}\varepsilon_{11}&\varepsilon_{12}&\varepsilon_{13}\\ \varepsilon_{21}&\varepsilon_{22}&\varepsilon_{23}\\ \varepsilon_{31}&\varepsilon_{32}&\varepsilon_{33}\end{Vmatrix}=\begin{Vmatrix}\varepsilon_x&\varepsilon_{xy}&\varepsilon_{xz}\\ \varepsilon_{yx}&\varepsilon_y&\varepsilon_{yz}\\ \varepsilon_{zx}&\varepsilon_{zy}&\varepsilon_z\end{Vmatrix}
\end{aligned}\right\} \tag{4.2.30}$$

因为 I_1'、I_2' 和 I_3' 是应变张量三个不变量,所以它们不随坐标系的选择而改变。在主坐标系中,三个不变量分别为

$$\begin{cases}I_1'=\varepsilon_1+\varepsilon_2+\varepsilon_1\\ I_2'=-(\varepsilon_1\varepsilon_2+\varepsilon_1\varepsilon_3+\varepsilon_2\varepsilon_3)\\ I_3'=\varepsilon_1\varepsilon_2\varepsilon_3\end{cases} \tag{4.2.31}$$

可以证明:对于 I_1' 实际上就等于工程体应变 θ(或 ε_v)。

证明:在物质体内某点附近取一个小的微元体,边长分别为 $\mathrm{d}X_1$、$\mathrm{d}X_2$ 和 $\mathrm{d}X_1$,设此点的线应变为 ε_{11}、ε_{22} 和 ε_{33},微元的初始体积为 V_0,即

$$V_0=\mathrm{d}X_1\mathrm{d}X_2\mathrm{d}X_3 \tag{4.2.32}$$

在荷载作用下,体积变为 V',即

$$V' = (1+\varepsilon_{11})(1+\varepsilon_{22})(1+\varepsilon_{33})\mathrm{d}X_1\mathrm{d}X_2\mathrm{d}X_3 \tag{4.2.33}$$

体积改变为

$$\Delta V = (1+\varepsilon_{11})(1+\varepsilon_{22})(1+\varepsilon_{33})\mathrm{d}X_1\mathrm{d}X_2\mathrm{d}X_3 - \mathrm{d}X_1\mathrm{d}X_2\mathrm{d}X_3 \tag{4.2.34}$$

略去高阶小量有

$$\theta = \frac{\Delta V}{V_0} = \varepsilon_{11}+\varepsilon_{22}+\varepsilon_{33} = I_1' \tag{4.2.35}$$

与应力张量相似，应变张量可分解为应变球张量和应变偏张量，各分量之间关系为

$$\varepsilon_{ij} = \varepsilon_m \delta_{ij} + e_{ij} \tag{4.2.36}$$

其中，

$$\begin{bmatrix} e_{11} & e_{12} & e_{13} \\ e_{21} & e_{22} & e_{23} \\ e_{31} & e_{32} & e_{33} \end{bmatrix} = \begin{bmatrix} e_x & e_{xy} & e_{xz} \\ e_{yx} & e_y & e_{yz} \\ e_{zx} & e_{zy} & e_z \end{bmatrix} = \begin{bmatrix} \varepsilon_x - \varepsilon_m & \varepsilon_{xy} & \varepsilon_{xz} \\ \varepsilon_{yx} & \varepsilon_y - \varepsilon_m & \varepsilon_{yz} \\ \varepsilon_{zx} & \varepsilon_{zy} & \varepsilon_z - \varepsilon_m \end{bmatrix} \tag{4.2.37}$$

可以证明，当应变偏张量的主轴和应变张量的主轴一致时，它的主值和应变张量的主应变之间存在以下关系：

$$\begin{cases} e_1 = \varepsilon_1 - \varepsilon_m \\ e_2 = \varepsilon_2 - \varepsilon_m \\ e_3 = \varepsilon_3 - \varepsilon_m \end{cases} \tag{4.2.38}$$

应变偏张量也存在三个不变量，在此设为 J_1'、J_2' 和 J_3'：

$$\left.\begin{aligned} J_1' &= e_{11}+e_{22}+e_{33} = e_x+e_y+e_z = 0 \\ J_2' &= -\begin{Vmatrix} e_{11} & e_{12} \\ e_{21} & e_{22} \end{Vmatrix} - \begin{Vmatrix} e_{22} & e_{23} \\ e_{32} & e_{33} \end{Vmatrix} - \begin{Vmatrix} e_{11} & e_{13} \\ e_{31} & e_{33} \end{Vmatrix} = \begin{Vmatrix} e_x & e_{xy} \\ e_{yx} & e_y \end{Vmatrix} - \begin{Vmatrix} e_y & e_{yz} \\ e_{zy} & e_z \end{Vmatrix} - \begin{Vmatrix} e_x & e_{xz} \\ e_{zx} & e_z \end{Vmatrix} \\ J_3' &= \begin{Vmatrix} e_{11} & e_{12} & e_{13} \\ e_{21} & e_{22} & e_{23} \\ e_{31} & e_{32} & e_{33} \end{Vmatrix} = \begin{Vmatrix} e_x & e_{xy} & e_{xz} \\ e_{yx} & e_y & e_{yz} \\ e_{zx} & e_{zy} & e_z \end{Vmatrix} = e_1 e_2 e_3 \end{aligned}\right\} \tag{4.2.39}$$

其中 J_2' 常见的表达式还有：

$$\begin{aligned} J_2' &= \frac{1}{6}\left[\left(\varepsilon_x-\varepsilon_y\right)^2+\left(\varepsilon_y-\varepsilon_z\right)^2+\left(\varepsilon_z-\varepsilon_x\right)^2\right]+\left(\varepsilon_{xy}^2+\varepsilon_{xz}^2+\varepsilon_{zx}^2\right) \\ &= \frac{1}{6}\left[\left(\varepsilon_1-\varepsilon_2\right)^2+\left(\varepsilon_2-\varepsilon_3\right)^2+\left(\varepsilon_3-\varepsilon_1\right)^2\right] \end{aligned} \tag{4.2.40}$$

4.3 连续介质微小运动的分解与微小旋转量

4.3.1 连续介质中一点附近的微小旋转

由于连续介质中一点有变形的，故只能取某种的“平均”。依据图4–3有

$$\begin{cases}\varphi_1=\dfrac{\partial u_2}{\partial X_1}\\[2ex]\varphi_2=\dfrac{\partial u_1}{\partial X_2}\end{cases} \tag{4.3.1}$$

故线元 dX_1、dX_2 的变形前角分线到变形后新的角分线绕 X_3 轴逆时针旋转的角度 Ω_3 为

$$\Omega_3=\frac{1}{2}(\varphi_1-\varphi_2)=\frac{1}{2}\left(\frac{\partial u_2}{\partial X_1}-\frac{\partial u_1}{\partial X_2}\right) \tag{4.3.2}$$

类似存在

$$\Omega_2=\frac{1}{2}(\varphi_3-\varphi_1)=\frac{1}{2}\left(\frac{\partial u_1}{\partial X_3}-\frac{\partial u_3}{\partial X_1}\right) \tag{4.3.3}$$

$$\Omega_1=\frac{1}{2}(\varphi_2-\varphi_3)=\frac{1}{2}\left(\frac{\partial u_3}{\partial X_2}-\frac{\partial u_2}{\partial X_3}\right) \tag{4.3.4}$$

从而定义了一点 O 附件无限小的旋转矢量 $\boldsymbol{\Omega}$，它恰好等于位移矢量 $\boldsymbol{u}$ 在L氏坐标中的旋度 rot $\boldsymbol{u}$ 的一半：

$$\boldsymbol{\Omega}=\frac{1}{2}\vec{\nabla}\times\boldsymbol{u} \tag{4.3.5}$$

或表示为

$$\Omega_i=-\frac{1}{2}e_{ijk}u_j\overleftarrow{\nabla}_k \tag{4.3.6}$$

$\boldsymbol{\Omega}$ 为一个反对称张量。

$$\boldsymbol{W}=\frac{1}{2}\left(\boldsymbol{u}\overleftarrow{\nabla}-\vec{\nabla}\boldsymbol{u}\right) \tag{4.3.7}$$

即

$$W_{ij}=\frac{1}{2}\left(\frac{\partial u_j}{\partial X_i}-\frac{\partial u_i}{\partial X_j}\right) \tag{4.3.8}$$

$$W_{ij}=-e_{ijk}\Omega_k \tag{4.3.9}$$

4.3.2　连续介质中一点附近微小运动的分解

设粒子 $\boldsymbol{X}$ 经过一段时间后运动到 $\boldsymbol{X}+\mathrm{d}\boldsymbol{X}$,则有

$$\boldsymbol{u}(\boldsymbol{X}+\mathrm{d}\boldsymbol{X})=\boldsymbol{u}(\boldsymbol{X})+\frac{\partial \boldsymbol{u}}{\partial \boldsymbol{X}}\cdot \mathrm{d}X \tag{4.3.10}$$

指标形式表示为

$$u_i(\boldsymbol{X}+\mathrm{d}\boldsymbol{X})=u_i(\boldsymbol{X})+\frac{\partial u_i}{\partial X_j}\mathrm{d}X_j \quad (i=1,2,3) \tag{4.3.11}$$

将位移梯度张量分解：

$$\frac{\partial \boldsymbol{u}}{\partial \boldsymbol{X}}=\frac{1}{2}\left(\frac{\partial \boldsymbol{u}}{\partial \boldsymbol{X}}+\left(\frac{\partial \boldsymbol{u}}{\partial \boldsymbol{X}}\right)^T\right)+\frac{1}{2}\left(\frac{\partial \boldsymbol{u}}{\partial \boldsymbol{X}}-\left(\frac{\partial \boldsymbol{u}}{\partial \boldsymbol{X}}\right)^T\right)=\frac{1}{2}\left(\boldsymbol{u}\overleftarrow{\nabla}+\overrightarrow{\nabla}\boldsymbol{u}\right)+\frac{1}{2}\left(\boldsymbol{u}\overleftarrow{\nabla}-\overrightarrow{\nabla}\boldsymbol{u}\right)=\boldsymbol{\varepsilon}+\boldsymbol{W} \tag{4.3.12}$$

或表示为指标记法：

$$\frac{\partial u_i}{\partial X_j}=\frac{1}{2}\left(\frac{\partial u_i}{\partial X_j}+\frac{\partial u_j}{\partial X_i}\right)+\frac{1}{2}\left(\frac{\partial u_i}{\partial X_j}-\frac{\partial u_j}{\partial X_i}\right)=\frac{1}{2}\left(u_i\overleftarrow{\nabla}_j+\overrightarrow{\nabla}_i u_j\right)+\frac{1}{2}\left(u_i\overleftarrow{\nabla}_j-\overrightarrow{\nabla}_i u_j\right)=\varepsilon_{ij}+W_{ij} \tag{4.3.13}$$

将(4.3.12)代入(4.3.10)有

$$\boldsymbol{u}(\boldsymbol{X}+\mathrm{d}\boldsymbol{X})=\boldsymbol{u}(\boldsymbol{X})+\boldsymbol{\varepsilon}\cdot\mathrm{d}\boldsymbol{X}+\boldsymbol{W}\cdot\mathrm{d}\boldsymbol{X}=\boldsymbol{u}(\boldsymbol{X})+\boldsymbol{\varepsilon}\cdot\mathrm{d}\boldsymbol{X}+\boldsymbol{\Omega}\times\mathrm{d}\boldsymbol{X} \tag{4.3.14}$$

右边第一项为参考点平动位移,第二项为纯变形位移,第三项为无穷小刚体旋转位移。

同样,上式也可表示为

$$u_i(\boldsymbol{X}+\mathrm{d}\boldsymbol{X})=u_i(\boldsymbol{X})+\varepsilon_{ij}(\boldsymbol{X})\cdot\mathrm{d}X_j+W_{ij}(\boldsymbol{X})\cdot\mathrm{d}X_j=u_i(\boldsymbol{X})+\varepsilon_{ij}(\boldsymbol{X})\cdot\mathrm{d}X_j+e_{ijk}\Omega_j\mathrm{d}X_k \tag{4.3.15}$$

4.4　正交曲线坐标中的工程应变分量与位移分量的关系

4.4.1　引　言

第二章我们曾提到正交曲线坐标系,它是由三族互相正交的曲面定义的坐标系。这样,三维空间中任意一点的位置可通过三条相互正交曲线的交点来确定。图2-8所示的由笛卡尔直角坐标变换到正交曲线坐标的关系可概括为

$$X_j \dashrightarrow \bar{X}_k \equiv q_k \tag{4.4.1}$$

对于旧笛卡尔基矢和新的局部笛卡尔基矢，同样存在下列关系：

$$\boldsymbol{e}_j \dashrightarrow \bar{e}_k = \beta_{kj}\boldsymbol{e}_j \tag{4.4.2}$$

其中，其中 $\boldsymbol{\beta}$ 为正交矩阵。

新旧应变张量之间关系为

$$\boldsymbol{\varepsilon}_{ij} \dashrightarrow \bar{\boldsymbol{\varepsilon}}_{kl} = \beta_{ki}\beta_{lj}\boldsymbol{\varepsilon}_{ij} \tag{4.4.3}$$

式中，

$$\beta_{kj} = \boldsymbol{e}_k \cdot \boldsymbol{e}_j = \frac{1}{H_k}\frac{\partial x_j}{\partial q_K} = \frac{\partial x_j}{\partial S_k} \tag{4.4.4}$$

必须强调的是，在正交曲线坐标中，这个 β_{kj} 是变化的，而 $\boldsymbol{\varepsilon}_{ij} = \frac{1}{2}\left(\frac{\partial u_i}{\partial X_j} + \frac{\partial u_j}{\partial X_i}\right)$。

为了求正交曲线坐标中工程应变和位移分量间的关系，常见方法有：(1)坐标变换法；(2)从 $\boldsymbol{\varepsilon}_{ij}$ 的物理意义出发。

4.4.2 正交曲线坐标中的Nabla算子和单位基矢的微商公式

根据直角笛卡尔坐标 (X_1, X_2, X_3) 和任意三个变量 (q_1, q_2, q_3) 间一一对应的映射关系来引入所谓的曲线坐标 q_i：

$$\begin{cases} X_i = X_i(q_1, q_2, q_3) \\ q_i = q_i(X_1, X_2, X_3) \end{cases} \quad (i=1, 2, 3) \tag{4.4.5}$$

每点处可定义三个基矢量：

$$\hat{e}_k(p) = \frac{\partial \boldsymbol{r}}{\partial q_k} = \frac{\partial X_j}{\partial q_k}\boldsymbol{e}_j \quad (k=1, 2, 3) \tag{4.4.6}$$

Lamé 系数为

$$H_k(p) = \left|\hat{e}_k(p)\right| = \sqrt{(\frac{\partial X_1}{\partial q_k})^2 + (\frac{\partial X_2}{\partial q_k})^2 + (\frac{\partial X_3}{\partial q_k})^2} \quad (k=1, 2, 3) \tag{4.4.7}$$

以 $\bar{\boldsymbol{e}}_k$ 表示 $\hat{\boldsymbol{e}}_k$ 方向的单位基矢（曲线坐标的）为

$$\bar{\boldsymbol{e}}_k(p) = \frac{\hat{e}_k}{H_k} = \frac{1}{H_k}\frac{\partial X_i}{\partial q_k}\boldsymbol{e}_j = \beta_{kj}\boldsymbol{e}_j \quad (k=1, 2, 3\text{不求和}) \tag{4.4.8}$$

其中，

$$\beta_{kj}(p) \equiv \bar{e}_k \cdot \boldsymbol{e}_j = \frac{1}{H_k}\frac{\partial X_j}{\partial q_k} = \frac{\partial X_j}{\partial S_k} \quad (k=1, 2, 3\text{不求和}) \tag{4.4.9}$$

其中，$dS_k = H_k dq_k$。

对正交曲线坐标而言，β_{kj} 为正交矩阵，则

$$\beta_{ik}\beta_{jk} = \delta_{ij} = \beta_{ki}\beta_{kj} \tag{4.4.10}$$

我们有

$$\tilde{\nabla} = \boldsymbol{e}_j \nabla_j = \boldsymbol{e}_j \frac{\partial}{\partial X_j} = \bar{e}_k \bar{\nabla}_k \tag{4.4.11}$$

则有

$$\tilde{\nabla} = \boldsymbol{e}_j \frac{\partial}{\partial X_j} = \beta_{kj} \bar{\boldsymbol{e}}_k \frac{\partial}{\partial X_j} = \frac{1}{H_k} \frac{\partial x_j}{\partial q_k} \frac{\partial}{\partial X_j} \bar{\boldsymbol{e}}_k = \frac{1}{H_k} \frac{\partial}{\partial q_k} \bar{\boldsymbol{e}}_k \tag{4.4.12}$$

故有

$$\tilde{\nabla}_k = \frac{1}{H_k} \frac{\partial}{\partial q_k} = \frac{\partial}{\partial S_k} \tag{4.4.13}$$

可以证明有如下的微商公式：

$$\begin{cases} \dfrac{\partial \bar{e}_1}{\partial q_1} = -\dfrac{1}{H_2} \dfrac{\partial H_1}{\partial q_2} \bar{e}_2 - \dfrac{1}{H_3} \dfrac{\partial H_1}{\partial q_3} \bar{e}_3 \\ \dfrac{\partial \bar{e}_1}{\partial q_2} = \dfrac{1}{H_1} \dfrac{\partial H_2}{\partial q_1} \bar{e}_2 \\ \dfrac{\partial \bar{e}_1}{\partial q_3} = \dfrac{1}{H_1} \dfrac{\partial H_3}{\partial q_1} \bar{e}_3 \end{cases} \tag{4.4.14}$$

证明：将 $\bar{e}_i \cdot \bar{e}_k = \delta_{ik}$ 两边对 q_j 求导：

$$\frac{\partial \bar{e}_i}{\partial q_j} \cdot \bar{\boldsymbol{e}}_k = -\frac{\partial \bar{\boldsymbol{e}}_k}{\partial q_j} \cdot \bar{\boldsymbol{e}}_i \quad (i, j, k = 1, 2, 3) \tag{4.4.15}$$

特别地，

$$\frac{\partial \bar{\boldsymbol{e}}_1}{\partial q_j} \cdot \bar{\boldsymbol{e}}_1 = 0 \tag{4.4.16}$$

$$\frac{\partial \bar{\boldsymbol{e}}_1}{\partial q_j} \cdot \bar{\boldsymbol{e}}_2 = -\frac{\partial \bar{\boldsymbol{e}}_2}{\partial q_j} \cdot \bar{\boldsymbol{e}}_1 \tag{4.4.17}$$

因为位置矢量的导数可以换顺序：

$$\frac{\partial^2 \boldsymbol{r}}{\partial q_1 \partial q_2} = \frac{\partial^2 \boldsymbol{r}}{\partial q_2 \partial q_1} \tag{4.4.18}$$

即

$$\frac{\partial}{\partial q_1}(H_2 \bar{e}_2) = \frac{\partial}{\partial q_2}(H_1 \bar{e}_1) \tag{4.4.19}$$

展开为

$$H_2\frac{\partial\bar{e}_2}{\partial q_1}+\frac{\partial H_2}{\partial q_1}\bar{e}_2=H_1\frac{\partial\bar{e}_1}{\partial q_2}+\frac{\partial H_1}{\partial q_2}\bar{e}_1 \tag{4.4.20}$$

将(4.4.20)式两端点乘 $\bar{e}_1$ 得出

$$H_2\frac{\partial\bar{e}_2}{\partial q_1}\cdot\bar{e}_1+\frac{\partial H_2}{\partial q_1}\bar{e}_2\cdot\bar{e}_1=H_1\frac{\partial\bar{e}_1}{\partial q_2}\cdot\bar{e}_1+\frac{\partial H_1}{\partial q_2}\cdot\bar{e}_1\cdot\bar{e}_1 \tag{4.4.21}$$

而

$$H_2\frac{\partial\bar{e}_2}{\partial q_1}\cdot\bar{e}_1=-H_2\frac{\partial\bar{e}_1}{\partial q_1}\cdot\bar{e}_2 \tag{4.4.22}$$

整理后得

$$\frac{\partial\bar{e}_1}{\partial q_1}\cdot\bar{e}_2=-\frac{1}{H_2}\frac{\partial H_1}{\partial q_2} \tag{4.4.23}$$

类似有

$$\frac{\partial\bar{e}_1}{\partial q_1}\cdot\bar{e}_3=-\frac{1}{H_3}\frac{\partial H_1}{\partial q_3} \tag{4.4.24}$$

式(4.4.16)连同(4.4.23)和(4.4.24)可很容易得出(4.4.14)第一个式子。

同样,若把(4.4.20)式两端点乘 $\bar{e}_2$:

$$H_2\frac{\partial\bar{e}_2}{\partial q_1}\cdot\bar{e}_2+\frac{\partial H_2}{\partial q_1}\bar{e}_2\cdot\bar{e}_2=H_1\frac{\partial\bar{e}_1}{\partial q_2}\cdot\bar{e}_2+\frac{\partial H_1}{\partial q_2}\cdot\bar{e}_1\cdot\bar{e}_2 \tag{4.4.25}$$

整理后得

$$\frac{\partial\bar{e}_1}{\partial q_2}\cdot\bar{e}_2=\frac{1}{H_1}\frac{\partial H_2}{\partial q_1} \tag{4.4.26}$$

若将(4.4.20)式两端点乘 $\bar{e}_3$ 有

$$H_2\frac{\partial\bar{e}_2}{\partial q_1}\cdot\bar{e}_3+\frac{\partial H_2}{\partial q_1}\bar{e}_2\cdot\bar{e}_3=H_1\frac{\partial\bar{e}_1}{\partial q_2}\cdot\bar{e}_3+\frac{\partial H_1}{\partial q_2}\cdot\bar{e}_1\cdot\bar{e}_3 \tag{4.4.27}$$

整理后有

$$\frac{\partial\bar{e}_1}{\partial q_2}\cdot\bar{e}_3=\frac{H_2}{H_1}\frac{\partial\bar{e}_2}{\partial q_1}\cdot\bar{e}_3 \tag{4.4.28}$$

从这个式子,我们可利用下标变化得出下面两个式子:

$$\begin{cases}\dfrac{\partial\bar{e}_2}{\partial q_3}\cdot\bar{e}_1=\dfrac{H_3}{H_2}\dfrac{\partial\bar{e}_3}{\partial q_2}\cdot\bar{e}_1\\[2ex]\dfrac{\partial\bar{e}_3}{\partial q_1}\cdot\bar{e}_2=\dfrac{H_1}{H_3}\dfrac{\partial\bar{e}_1}{\partial q_3}\cdot\bar{e}_2\end{cases} \tag{4.4.29}$$

$$\frac{\partial \bar{e}_1}{\partial q_2}\cdot\bar{e}_3 \overset{(4.4.28)}{=} \frac{H_2}{H_1}\frac{\partial \bar{e}_2}{\partial q_1}\cdot\bar{e}_3 \overset{(4.4.22)}{=} -\frac{H_2}{H_1}\frac{\partial \bar{e}_3}{\partial q_1}\cdot\bar{e}_2 \overset{(4.4.29)}{=} -\frac{H_2}{H_1}\frac{H_1}{H_3}\frac{\partial \bar{e}_1}{\partial q_3}\cdot\bar{e}_2 \overset{(4.4.22)}{=} \frac{H_2}{H_3}\frac{\partial \bar{e}_2}{\partial q_3}\cdot\bar{e}_1$$
$$\overset{(4.4.22)}{=} \frac{H_2}{H_3}\frac{H_3}{H_2}\frac{\partial \bar{e}_3}{\partial q_2}\cdot\bar{e}_1 \overset{(4.4.22)}{=} -\frac{\partial \bar{e}_1}{\partial q_1}\cdot\bar{e}_3 \tag{4.4.30}$$

由该式可见

$$\frac{\partial \bar{e}_1}{\partial q_2}\cdot\bar{e}_3 = 0 \tag{4.4.31}$$

(4.4.16)连同(4.4.26)和(4.4.31)可很容易得出(4.4.14)第二个式子。至于(4.4.14)第三个式子就不再赘述了，有兴趣的读者可作类似证明。

4.4.3 正交曲线坐标中的工程应变分量和位移分量关系

$\bar{\varepsilon}_{11}$ 物理意义：表示变形前位于 q_1 轴上的线元 $\mathrm{d}\boldsymbol{r}_1 = H_1\mathrm{d}q_1\bar{\boldsymbol{e}}_1$ 变形后在自身方向 $\bar{\boldsymbol{e}}_1$ 投影的相对伸长，而此伸长是由于两端点 $O(q_1, q_2, q_3)$、$M(q_1+\mathrm{d}q_1, q_2, q_3)$ 在 $\bar{\boldsymbol{e}}_1$ 上位移不同造成的。该位移不同是由于两端点 O、M 的坐标所造成的。所以有

$$\bar{\varepsilon}_{11} = \frac{[\boldsymbol{u}(M)-\boldsymbol{u}(O)]\cdot\bar{\boldsymbol{e}}_1}{H_1\mathrm{d}q_1} = \frac{[\boldsymbol{u}(q_1+\mathrm{d}q_1, q_2, q_3)-\boldsymbol{u}(q_1, q_2, q_3)]\cdot\bar{\boldsymbol{e}}_1}{H_1\mathrm{d}q_1} \approx \frac{1}{H_1\mathrm{d}q_1}\frac{\partial u}{\partial q_1}\mathrm{d}q_1\cdot\bar{\boldsymbol{e}}_1 \tag{4.4.32}$$

即

$$\bar{\varepsilon}_{11} = \frac{\partial \boldsymbol{u}}{H_1\mathrm{d}q_1}\cdot\bar{e}_1 \tag{4.4.33}$$

因为

$$\boldsymbol{u} = \bar{u}_1\bar{e}_1 + \bar{u}_2\bar{e}_2 + \bar{u}_3\bar{e}_3 \tag{4.4.34}$$

将(4.4.34)代入(4.4.33)并利用(4.4.14)得

$$\bar{\varepsilon}_{11} = \frac{\partial \bar{u}_1}{H_1\mathrm{d}q_1} + \frac{\bar{u}_2\partial H_1}{H_1H_2\mathrm{d}q_1} + \frac{\bar{u}_3\partial H_1}{H_1H_3\mathrm{d}q_3} \tag{4.4.35}$$

该式即为正交曲线坐标中正应变与位移之间的关系，其中第一项是线元 OM 在自身 q_1 上位移不均匀性造成的，第二、三项分别是线元 OM 在 q_2 和 q_3 上的位移不均匀性造成的。类似可得 $\bar{\varepsilon}_{22}$ 和 $\bar{\varepsilon}_{33}$ 的表达式。

$\bar{\varepsilon}_{12}$ 物理意义：表示变形的线元 $\mathrm{d}\boldsymbol{r}_1 = H_1\mathrm{d}q_1\bar{\boldsymbol{e}}_1$ 和线元 $\mathrm{d}\boldsymbol{r}_2 = H_2\mathrm{d}q_2\bar{\boldsymbol{e}}_2$ 的夹角为 $\frac{\pi}{2}$，变形后在 q_1q_2 坐标面上投影间夹角减少的一半，这种夹角的减少是由于线

元 $d\boldsymbol{r}_1$ 的两端点 O 、M 的位移在 $\bar{\boldsymbol{e}}_2$ 上投影不同和线元 $d\boldsymbol{r}_2$ 的两端点 O 、N 的位移在 $\bar{\boldsymbol{e}}_1$ 方向上投影不同所致(可参见图4-3)。

$$\bar{\varepsilon}_{12}=\frac{1}{2}\left[\boldsymbol{u}(M)-\boldsymbol{u}(O)\right]\cdot\bar{\boldsymbol{e}}_2\frac{1}{H_1\mathrm{d}q_1}+\frac{1}{2}\left[\boldsymbol{u}(N)-\boldsymbol{u}(O)\right]\cdot\bar{\boldsymbol{e}}_1\frac{1}{H_2\mathrm{d}q_2} \tag{4.4.36}$$

Taylor展开后得出

$$\bar{\varepsilon}_{12}=\frac{1}{2}\frac{\partial\boldsymbol{u}}{\partial q_1}\mathrm{d}q_1\cdot\bar{\boldsymbol{e}}_2\frac{1}{H_1\mathrm{d}q_1}+\frac{1}{2}\frac{\partial\boldsymbol{u}}{\partial q_2}\mathrm{d}q_2\cdot\bar{\boldsymbol{e}}_1\frac{1}{H_2\mathrm{d}q_2}=\frac{1}{2}\frac{\partial\boldsymbol{u}}{H_1\mathrm{d}q_1}\cdot\bar{\boldsymbol{e}}_2+\frac{1}{2}\frac{\partial\boldsymbol{u}}{H_2\mathrm{d}q_2}\cdot\bar{\boldsymbol{e}}_1 \tag{4.4.37}$$

其中 $\boldsymbol{u}=\bar{u}_i\bar{\boldsymbol{e}}_i$ 。

将其代入上式得出

$$\bar{\varepsilon}_{12}=\frac{1}{2}\frac{1}{H_2}\frac{\partial\bar{u}_1}{\mathrm{d}q_2}+\frac{1}{2}\frac{1}{H_1}\frac{\partial\bar{u}_2}{\partial q_1}-\frac{1}{2}\frac{\bar{u}_1}{H_1H_2}\frac{\partial H_1}{\partial q_2}-\frac{1}{2}\frac{\bar{u}_2}{H_2H_1}\frac{\partial H_2}{\partial q_1} \tag{4.4.38}$$

类似可求得 $\bar{\varepsilon}_{23}$ 、$\bar{\varepsilon}_{31}$ 的表达式。

对于柱坐标而言,由于

$$\begin{cases}H_1=1\\H_2=r\\H_3=1\end{cases} \tag{4.4.39}$$

故

$$\begin{cases}\varepsilon_{rr}=\dfrac{\partial u_r}{\partial r}\\ \varepsilon_{\theta\theta}=\dfrac{1}{r}\dfrac{\partial u_\theta}{\partial\theta}+\dfrac{u_r}{r}\\ \varepsilon_{zz}=\dfrac{\partial u_z}{\partial z}\\ \varepsilon_{r\theta}=\dfrac{1}{2}\left(\dfrac{1}{r}\dfrac{\partial u_r}{\partial\theta}+\dfrac{\partial u_\theta}{\partial r}\right)-\dfrac{u_\theta}{r}\\ \varepsilon_{\theta z}=\dfrac{1}{2}\left(\dfrac{\partial u_\theta}{\partial z}+\dfrac{\partial u_z}{\partial\theta}\right)\\ \varepsilon_{zr}=\dfrac{1}{2}\left(\dfrac{\partial u_z}{\partial r}+\dfrac{\partial u_r}{\partial z}\right)\end{cases} \tag{4.4.40}$$

对于球坐标而言,由于

$$\begin{cases}H_1=1\\H_2=r\\H_3=r\sin\theta\end{cases} \tag{4.4.41}$$

所以有

$$\begin{cases}\varepsilon_{rr}=\dfrac{\partial u_r}{\partial r}\\ \varepsilon_{\theta\theta}=\dfrac{1}{r}\dfrac{\partial u_\theta}{\partial\theta}+\dfrac{u_r}{r}\\ \varepsilon_{\phi\phi}=\dfrac{1}{r\sin\theta}\dfrac{\partial u_\phi}{\partial\phi}+\dfrac{u_r}{r}+\dfrac{\operatorname{ctg}\theta}{t}u_\theta\\ \varepsilon_{r\theta}=\dfrac{1}{2}\left(\dfrac{1}{r}\dfrac{\partial u_r}{\partial\theta}+\dfrac{\partial u_\theta}{\partial r}\right)-\dfrac{u_\theta}{r}\\ \varepsilon_{\theta\phi}=\dfrac{1}{2}\left(\dfrac{1}{r\sin\theta}\dfrac{\partial u_\theta}{\partial\phi}+\dfrac{1}{r}\dfrac{\partial u_\phi}{\partial\theta}-\dfrac{\operatorname{ctg}\theta}{r}u_\phi\right)\\ \varepsilon_{\phi r}=\dfrac{1}{2}\left(\dfrac{\partial u_\phi}{\partial r}+\dfrac{1}{r\sin\theta}\dfrac{\partial u_r}{\partial\phi}-\dfrac{u_\phi}{r}\right)\end{cases}\tag{4.4.42}$$

4.5 应变协调方程

4.5.1 问题提出

应变表达式为

$$\varepsilon_{ij}=\frac{1}{2}\left(\frac{\partial u_i}{\partial x_j}+\frac{\partial u_j}{\partial x_i}\right)\tag{4.5.1}$$

其中 $\varepsilon_{ij}=\varepsilon_{ji}$。

若已知 $\boldsymbol{u}$ 为单值、连续与可微的，可由上式推得应变 $\boldsymbol{\varepsilon}$；反之，若给出 $\boldsymbol{\varepsilon}$ 是否可得出单值、连续与可微的 $\boldsymbol{u}$ 呢?

4.5.2 协调方程

所谓应变协调方程(Equation of Strain Compatibility)是指保证物体变形后连续，各应变分量必须满足的关系，又称为变形协调方程或圣维南(Saint Venant)方程。应变协调方程有六个式子，我们可从应变的一般表达式入手推出其协调方程。

$$\begin{cases}\varepsilon_{11}=\dfrac{\partial u_1}{\partial X_1}\\ \varepsilon_{22}=\dfrac{\partial u_2}{\partial X_2}\\ \varepsilon_{33}=\dfrac{\partial u_3}{\partial X_3}\\ \varepsilon_{12}=\varepsilon_{21}=\dfrac{1}{2}\left(\dfrac{\partial u_1}{\partial X_2}+\dfrac{\partial u_2}{\partial X_1}\right)\\ \varepsilon_{23}=\varepsilon_{32}=\dfrac{1}{2}\left(\dfrac{\partial u_2}{\partial X_3}+\dfrac{\partial u_3}{\partial X_2}\right)\\ \varepsilon_{31}=\varepsilon_{13}=\dfrac{1}{2}\left(\dfrac{\partial u_1}{\partial X_3}+\dfrac{\partial u_3}{\partial X_1}\right)\end{cases} \tag{4.5.2}$$

由(4.5.2)第一、二式分别对 X_2、X_1 求导两次并相加得

$$\frac{\partial^2\varepsilon_{11}}{\partial X_2^2}+\frac{\partial^2\varepsilon_{22}}{\partial X_1^2}=\frac{\partial^2}{\partial X_1\partial X_2}\left[\frac{\partial u_1}{\partial X_2}+\frac{\partial u_2}{\partial X_1}\right]=2\frac{\partial^2\varepsilon_{12}}{\partial X_1\partial X_2} \tag{4.5.3}$$

此即(X_1、X_2)平面上的应变 ε_{11}、ε_{22} 和 ε_{12} 间的协调条件。

类似地,(X_2、X_3)平面上应变 ε_{22}、ε_{33} 和 ε_{23} 间的协调条件:

$$\frac{\partial^2\varepsilon_{22}}{\partial X_3^2}+\frac{\partial^2\varepsilon_{33}}{\partial X_2^2}=\frac{\partial^2}{\partial X_1\partial X_2}\left[\frac{\partial u_2}{\partial X_3}+\frac{\partial u_3}{\partial X_2}\right]=2\frac{\partial^2\varepsilon_{23}}{\partial X_2\partial X_3} \tag{4.5.4}$$

(X_3、X_1)平面上应变 ε_{33}、ε_{11} 和 ε_{13} 间的协调条件:

$$\frac{\partial^2\varepsilon_{33}}{\partial X_1^2}+\frac{\partial^2\varepsilon_{11}}{\partial X_3^2}=\frac{\partial^2}{\partial X_1\partial X_3}\left[\frac{\partial u_3}{\partial X_1}+\frac{\partial u_1}{\partial X_3}\right]=2\frac{\partial^2\varepsilon_{31}}{\partial X_1\partial X_3} \tag{4.5.5}$$

由(4.5.2)第五、六式分别对 X_1、X_2 求导相加,再减去(4.5.2)第四式对 X_3 求导,可得出如下表达式:

$$\frac{\partial\varepsilon_{23}}{\partial X_1}+\frac{\partial\varepsilon_{31}}{\partial X_2}-\frac{\partial\varepsilon_{12}}{\partial X_3}=\frac{1}{2}\left[\frac{\partial^2u_2}{\partial X_1X_3}+\frac{\partial^2u_3}{\partial X_1X_2}+\frac{\partial^2u_3}{\partial X_2X_1}+\frac{\partial^2u_1}{\partial X_2X_3}-\frac{\partial^2u_1}{\partial X_2X_3}-\frac{\partial^2u_2}{\partial X_3X_1}\right] \tag{4.5.6}$$

右边括号化简后为

$$\frac{\partial\varepsilon_{23}}{\partial X_1}+\frac{\partial\varepsilon_{31}}{\partial X_2}-\frac{\partial\varepsilon_{12}}{\partial X_3}=\frac{1}{2}\left[\frac{\partial^2u_3}{\partial X_1X_2}+\frac{\partial^2u_3}{\partial X_2X_1}\right]=\frac{\partial^2u_3}{\partial X_1X_2} \tag{4.5.7}$$

该式两边同时对 X_3 求导得

$$\frac{\partial}{\partial X_3}\left(\frac{\partial\varepsilon_{23}}{\partial X_1}+\frac{\partial\varepsilon_{31}}{\partial X_2}-\frac{\partial\varepsilon_{12}}{\partial X_3}\right)=\frac{\partial^2\varepsilon_{33}}{\partial X_1X_2} \tag{4.5.8}$$

这就是应变 ε_{23}、ε_{31}、ε_{12} 和 ε_{23} 间的协调条件。进行置换互换可得下面两

个式子：

$$\frac{\partial}{\partial X_1}\left(\frac{\partial \varepsilon_{31}}{\partial X_2}+\frac{\partial \varepsilon_{12}}{\partial X_3}-\frac{\partial \varepsilon_{23}}{\partial X_1}\right)=\frac{\partial^2 \varepsilon_{11}}{\partial X_2 X_3} \tag{4.5.9}$$

$$\frac{\partial}{\partial X_2}\left(\frac{\partial \varepsilon_{12}}{\partial X_3}+\frac{\partial \varepsilon_{23}}{\partial X_1}-\frac{\partial \varepsilon_{31}}{\partial X_2}\right)=\frac{\partial^2 \varepsilon_{22}}{\partial X_3 X_1} \tag{4.5.10}$$

式(4.5.3)~(4.5.5)和(4.5.8)~(4.5.10)合到一起即为应变协调方程，它有下列重要特性：

(i)任何由三个连续可微的位移分量按弹性力学的几何方程导出的一组应变分量，都满足应变协调方程。因此，不满足应变协调方程的应变不可能是从真实位移按几何方程的关系产生。

(ii)上述方程中的任意五个成立，并不意味着第六个一定成立，即六个应变协调方程具有一定的独立性。

(iii)任何一个应变分量恒满足的线性微分关系，都可以化为上述六个应变协调方程的线性组合，所以应变协调方程概括了应变分量之间的全部恒等微分关系。

(iv)对于单连通的区域，如果给出的应变分量满足上述方程，则可以从位移和应变的关系求得单值、连续的三个位移分量。所以，对于单连通区域，应变协调方程概括了应变分量之间的全部必然联系。

(v)对于多连通区域，应变协调方程不能概括应变分量之间的全部必然联系。事实上，应变分量之间有一些恒等的积分关系，它们不从属于应变协调方程所表达的微分关系。

4.6　速度场、伸缩率和旋转率张量及自然增量张量

速度场、伸缩率和旋转率张量：

设速度场的E氏描述为

$$\boldsymbol{v}=\boldsymbol{v}(x,t) \tag{4.6.1}$$

或

$$v_i=v_i(x_j,t)\quad(i=1,2,3) \tag{4.6.2}$$

则速度场的空间陡度(E氏陡度)为

$$\frac{\partial \boldsymbol{v}}{\partial \boldsymbol{x}} = \boldsymbol{v}\overleftarrow{\nabla} = \left(\overrightarrow{\nabla}\boldsymbol{v}\right)^T \tag{4.6.3}$$

或

$$\frac{\partial v_i}{\partial x_j} = v_i\overleftarrow{\nabla}_j = \overrightarrow{\nabla}_j v_i \tag{4.6.4}$$

任一时刻 t 由 x 到 $x+\mathrm{d}x$ 所显示的 $\boldsymbol{v}$ 的增量 $\mathrm{d}\boldsymbol{v}$（图4–4)将变为

$$\mathrm{d}\boldsymbol{v} = \frac{\partial \boldsymbol{v}}{\partial \boldsymbol{x}}\cdot \mathrm{d}\boldsymbol{x} = \boldsymbol{v}\overleftarrow{\nabla}\cdot \mathrm{d}\boldsymbol{x} \tag{4.6.5}$$

或

$$\mathrm{d}v_i = \frac{\partial v_i}{\partial x_j}\mathrm{d}x_j = v_i\overleftarrow{\nabla}_j \mathrm{d}x_j \tag{4.6.6}$$

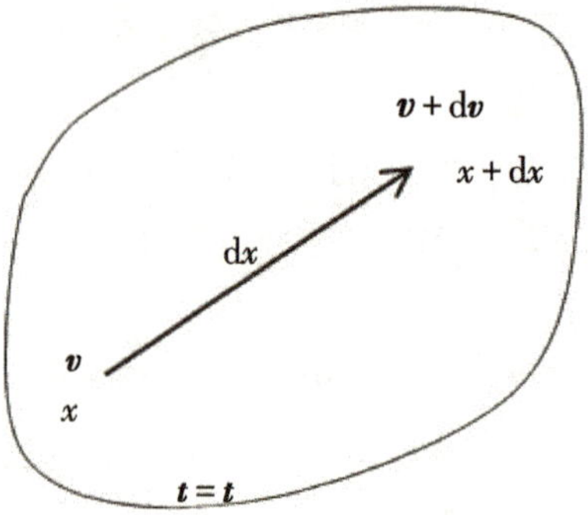

图4–4

将 $\frac{\partial \boldsymbol{v}}{\partial \boldsymbol{x}}$ 进行和分解得

$$\frac{\partial \boldsymbol{v}}{\partial \boldsymbol{x}} = \frac{1}{2}\left[\frac{\partial \boldsymbol{v}}{\partial \boldsymbol{x}} + \left(\frac{\partial \boldsymbol{v}}{\partial \boldsymbol{x}}\right)^T\right] + \frac{1}{2}\left[\frac{\partial \boldsymbol{v}}{\partial \boldsymbol{x}} - \left(\frac{\partial \boldsymbol{v}}{\partial \boldsymbol{x}}\right)^T\right] = \frac{1}{2}\left[\boldsymbol{v}\overleftarrow{\nabla} + \overrightarrow{\nabla}\boldsymbol{v}\right] + \frac{1}{2}\left[\boldsymbol{v}\overleftarrow{\nabla} - \overrightarrow{\nabla}\boldsymbol{v}\right] \tag{4.6.7}$$

或

$$\frac{\partial v_i}{\partial x_j} = \frac{1}{2}\left[\frac{\partial v_i}{\partial x_j} + \left(\frac{\partial v_i}{\partial x_j}\right)^T\right] + \frac{1}{2}\left[\frac{\partial v_i}{\partial x_j} - \left(\frac{\partial v_i}{\partial x_j}\right)^T\right] = \frac{1}{2}\left[v_i\overleftarrow{\nabla}_j + \overrightarrow{\nabla}_i v_j\right] + \frac{1}{2}\left[v_i\overleftarrow{\nabla}_j + \overrightarrow{\nabla}_i v_j\right] \tag{4.6.8}$$

并定义 $\boldsymbol{D}$ 和 $\boldsymbol{W}$ 为期对称与反对称部分，即伸缩率张量与旋转率张量：

$$\begin{cases} \boldsymbol{D} = \frac{1}{2}\left[\frac{\partial \boldsymbol{v}}{\partial \boldsymbol{x}} + \left(\frac{\partial \boldsymbol{v}}{\partial \boldsymbol{x}}\right)^T\right] \\ \boldsymbol{W} = \frac{1}{2}\left[\frac{\partial \boldsymbol{v}}{\partial \boldsymbol{x}} - \left(\frac{\partial \boldsymbol{v}}{\partial \boldsymbol{x}}\right)^T\right] \end{cases} \tag{4.6.9}$$

分量表述：

$$\begin{cases} \boldsymbol{D} = \dfrac{1}{2}\left[\dfrac{\partial v_i}{\partial x_j} + \left(\dfrac{\partial v_i}{\partial x_j}\right)^T\right] \\ \boldsymbol{W} = \dfrac{1}{2}\left[\dfrac{\partial v_i}{\partial x_j} - \left(\dfrac{\partial v_i}{\partial x_j}\right)^T\right] \end{cases} \tag{4.6.10}$$

且有

$$\begin{cases} \boldsymbol{D}^T = \boldsymbol{D} \\ \boldsymbol{W}^T = -\boldsymbol{W} \end{cases} \tag{4.6.11}$$

其中旋转率张量 $\boldsymbol{W}$ 与某一矢量 $\boldsymbol{\omega}$ 相对偶，

$$W_{ij} = -e_{ijk}\omega_k = \frac{1}{2}\left(\frac{\partial v_i}{\partial x_j} - \frac{\partial v_j}{\partial x_i}\right) \tag{4.6.12}$$

$$\omega_i = -\frac{1}{2}e_{ijk}W_{jk} = \frac{1}{2}(\mathrm{rot}\,\boldsymbol{v})_{,i} \tag{4.6.13}$$

$\boldsymbol{\omega}$ 为粒子平均旋转角速率。

设在任意无限小时间间隔 $[t, t+\mathrm{d}t]$ 之内，产生无限小增量位移 $\mathrm{d}\boldsymbol{u}$（图 4-5），则

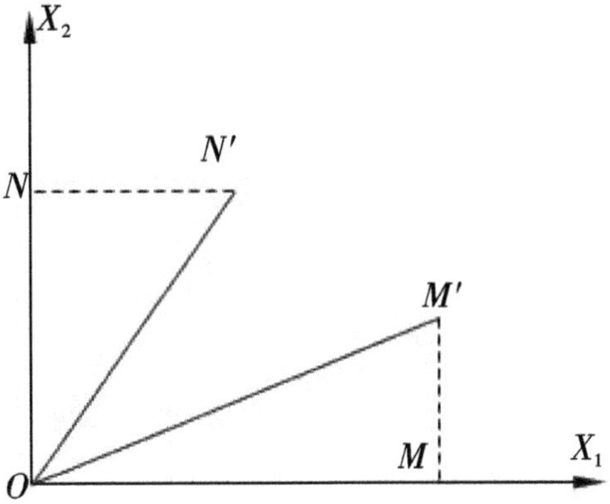

图4-5

$$\mathrm{d}\boldsymbol{u} = \boldsymbol{v}(\boldsymbol{x}, t)\mathrm{d}t \tag{4.6.14}$$

或

$$\mathrm{d}u_i = v_i\mathrm{d}t \tag{4.6.15}$$

可定义 $\mathrm{d}t$ 内增量应变

$$\mathrm{d}\boldsymbol{\varepsilon} \equiv \frac{1}{2}\left[\frac{\partial \boldsymbol{v}\mathrm{d}t}{\partial \boldsymbol{x}} + \left(\frac{\partial \boldsymbol{v}\mathrm{d}t}{\partial \boldsymbol{x}}\right)^T\right] = \boldsymbol{D}\mathrm{d}t \tag{4.6.16}$$

或

$$\mathrm{d}\varepsilon_{ij}\equiv\frac{1}{2}\left[\frac{\partial v_i\mathrm{d}t}{\partial x_j}+\left(\frac{\partial v_j\mathrm{d}t}{\partial x_i}\right)^T\right]=D_{ij}\mathrm{d}t \tag{4.6.17}$$

习惯上，这个 $\mathrm{d}\boldsymbol{\varepsilon}$ 叫做自然增变应变，它是以 t 时刻构形为参考构形而量度的无限小增量应变，而 $\boldsymbol{D}=\mathrm{d}\boldsymbol{\varepsilon}/\mathrm{d}t$ 是以 t 时刻构形为参考构形的变量率张量。类似地，

$$\mathrm{d}\boldsymbol{W}=\boldsymbol{W}\mathrm{d}t \tag{4.6.18}$$

它对应于：

$$\mathrm{d}\boldsymbol{\Omega}=\boldsymbol{\omega}\mathrm{d}t \tag{4.6.19}$$

4.7 相对体积膨胀率

在L氏坐标里曾讲过 $\boldsymbol{u}(\boldsymbol{X},t)$、$\boldsymbol{\varepsilon}(\boldsymbol{X},t)$，我们可以根据位移来求应变。对于工程体应变为

$$\theta=\varepsilon_{ii}=\frac{\partial u_i}{\partial x_i} \tag{4.7.1}$$

而对于大变形，比如爆炸问题，一般采用E氏描述才行，即 $\boldsymbol{u}(x,t)$。有了位移可得出 $\mathrm{d}\boldsymbol{\varepsilon}$，于是由 $\mathrm{d}\boldsymbol{\varepsilon}=\boldsymbol{D}\mathrm{d}t$ 推出伸缩率张量等。而

$$\mathrm{d}\theta\equiv\mathrm{d}\varepsilon_{ii}=D_{ii}\mathrm{d}t=\frac{\partial v_i}{\partial x_i}\mathrm{d}t=(\mathrm{div}\boldsymbol{v})\mathrm{d}t \tag{4.7.2}$$

自然增量体应变率为

$$\frac{\mathrm{d}\theta}{\mathrm{d}t}=D_{ii}=\mathrm{div}\,\boldsymbol{v} \tag{4.7.3}$$

在E氏坐标求散度：

$$\mathrm{div}\,\boldsymbol{v}=\lim_{v\to 0}\frac{1}{v}\oint\boldsymbol{v}\cdot\boldsymbol{n}\mathrm{d}s=\lim_{v\to 0}\frac{1}{v}\frac{\oint\boldsymbol{v}\cdot\boldsymbol{n}\mathrm{d}s\mathrm{d}t}{\mathrm{d}t}=\lim_{v\to 0}\frac{1}{v}\frac{\mathrm{d}v}{\mathrm{d}t} \tag{4.7.4}$$

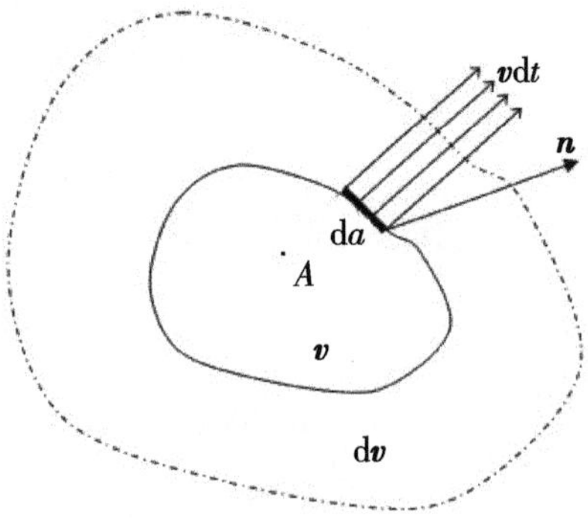

图4-6

相对体积膨胀率(图4-6)也可以直接从物理意义上定义介质在某一时刻 t 的相对体积膨胀率 $\mathrm{d}\theta/\mathrm{d}t$：

$$\frac{\mathrm{d}\theta}{\mathrm{d}t}=\lim_{v\to 0}\frac{\mathrm{d}v}{\mathrm{d}tv} \tag{4.7.5}$$

显然有

$$\mathrm{d}v=\oint_a \boldsymbol{v}\mathrm{d}t\cdot\boldsymbol{n}\mathrm{d}a=\int_v \boldsymbol{v}\cdot\overleftarrow{\nabla}\mathrm{d}t\mathrm{d}v=\mathrm{d}tv(\mathrm{div}\boldsymbol{v})_A \tag{4.7.6}$$

(4.7.6)代入(4.7.5)就得出

$$\frac{\mathrm{d}\theta}{\mathrm{d}t}=\lim_{v\to 0}\frac{\mathrm{d}v}{\mathrm{d}tv}=\mathrm{div}\,\boldsymbol{v} \tag{4.7.7}$$

第五章

连续介质守恒定律的场方程组

连续介质力学最基本的假设是“连续介质假设”:认为真实的流体和固体可以近似看作连续的、充满全空间的介质组成,物质的宏观性质依然受牛顿力学的支配。若对连续介质写出其场方程组(如平衡方程组)时,新的未知量就是场变量的结点值,求解场方程组(通常以矩阵方程形式表示),就可得到场变量的结点值。一旦知道了这些结点值,则可由近似函数确定整个单元集合体的场变量。

本章按闭口体系和开口体系分别进行讨论。所谓开口体系(或称控制体积系统),是指体系与外界存在能量和质量的交换;闭口体是指由固定的介质粒子组成的(与外界无物质、能量交换)体系。

5.1 闭口体系体积分的随体导数

5.1.1 表面迁移法

如图5-1所示,当采用L氏描述时,

$$F(t)=\int_{V_0} f\left(\boldsymbol{X},t\right)\mathrm{d}V_0 \tag{5.1.1}$$

其中 $f\left(\boldsymbol{X},t\right)$ 为L氏密度量,即单位出体积的量,

$$f=f\left(\boldsymbol{X},t\right)\Rightarrow \dot{f}=\frac{D}{Dt}f=\left.\frac{\partial f}{\partial t}\right|_{\boldsymbol{X}} \tag{5.1.2}$$

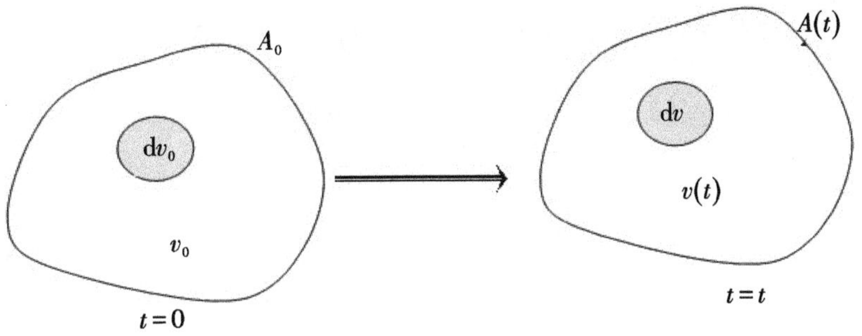

图5-1

$F(t)$ 为总体量,其导数为

$$\dot{F}=\frac{D}{Dt}F(t)=\frac{D}{Dt}\int_{V_0} f(\boldsymbol{X},t)\mathrm{d}V_0=\int_{V_0}\frac{\partial f}{\partial t}\mathrm{d}V_0 \tag{5.1.3}$$

当采用E氏描述时,我们有 $f=f(x,t)$,其导数为

$$\dot{f}=\frac{Df}{Dt}=\left.\frac{\partial f}{\partial t}\right|_{\boldsymbol{x}}+\left.\frac{\partial f}{\partial x}\right|_{t}\frac{D\boldsymbol{x}}{Dt}=\frac{\partial f}{\partial t}+f\overleftarrow{\nabla}\cdot\boldsymbol{v}=\frac{\partial f}{\partial t}+v\cdot\vec{\nabla}f \tag{5.1.4}$$

而总体量为 $F(t)\equiv\int_{V(t)} f(x,t)\mathrm{d}V$ 。

其随体导数为

$$\dot{F}(t)=\frac{D}{Dt}F(t)=\frac{D}{Dt}\int_{V(t)} f(\boldsymbol{x},t)\mathrm{d}V\neq\int_{V_0}\frac{\partial f}{\partial t}\mathrm{d}V \tag{5.1.5}$$

此时 $\mathrm{d}V$ 与时间有关,这一点与L氏坐标不同。 $F(t)\equiv\int_{V(t))} f(x,t)\mathrm{d}V$ 的随体导数按定义等于

$$\dot{F}=\frac{DF}{Dt}=\lim_{\Delta t\to 0}\frac{\Delta F}{\Delta t}=\lim_{\Delta t\to 0}\frac{F(t+\Delta t)-F(t)}{\Delta t} \tag{5.1.6}$$

由于

$$\begin{aligned}\Delta F&=F(t+\Delta t)-F(t)=\int_{V(t+\Delta t)} f(\boldsymbol{x},t+\Delta t)\mathrm{d}V-\int_{V(t)} f(\boldsymbol{x},t)\mathrm{d}V\\&=\left[\int_{V(t)} f(\boldsymbol{x},t+\Delta t)\mathrm{d}V-\int_{V(t)} f(\boldsymbol{x},t)\mathrm{d}V\right]+\\&\quad\left[\int_{V(t+\Delta t)} f(\boldsymbol{x},t+\Delta t)\mathrm{d}V-\int_{V(t)} f(\boldsymbol{x},t+\Delta t)\mathrm{d}V\right]\\&=\Delta F_1+\Delta F_2\end{aligned} \tag{5.1.7}$$

其中

$$\Delta F_1 = \int_{V(t)} f(\boldsymbol{x}, t + \Delta t)\mathrm{d}V - \int_{V(t)} f(\boldsymbol{x}, t)\mathrm{d}V = \int_{V(t)} \frac{\partial f}{\partial t}\Delta t\mathrm{d}V \tag{5.1.8}$$

$$\Delta F_2 = \int_{V(t+\Delta t)} f(\boldsymbol{x}, t + \Delta t)\mathrm{d}V - \int_{V(t)} f(\boldsymbol{x}, t + \Delta t)\mathrm{d}V = \int_{\Delta V} f(\boldsymbol{x}, t + \Delta t)\mathrm{d}V \tag{5.1.9}$$

对于图5–2中每一个 $\mathrm{d}S$ 膨胀的 $\mathrm{d}V$ 计算如下：

$$\mathrm{d}V = \boldsymbol{n}\cdot\boldsymbol{v}\Delta t\mathrm{d}S \tag{5.1.10}$$

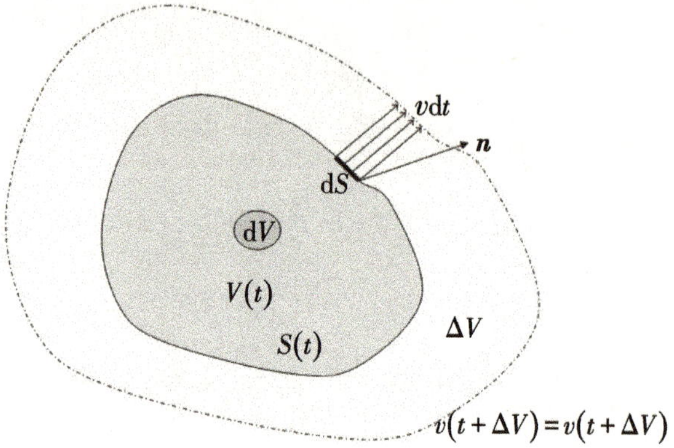

图5–2

将(5.1.10)代入(5.1.9)得出

$$\Delta F_2 = \int_{\Delta V} f(\boldsymbol{x}, t + \Delta t)\mathrm{d}V = \oint_{V(t)} (\boldsymbol{n}\cdot\boldsymbol{v}) f(\boldsymbol{x}, t + \Delta t)\Delta t\mathrm{d}S = \oint_{V(t)} (\boldsymbol{n}\cdot\boldsymbol{v})\left[f(\boldsymbol{x}, t) + \frac{\partial f}{\partial t}\Delta t\right]\Delta t\mathrm{d}S \tag{5.1.11}$$

将(5.1.11)代入(5.1.9)并代入(5.1.7)，再利用(5.1.8)有

$$\dot{F} = \frac{DF}{Dt} = \frac{D}{Dt}\int_{V(t)} f(\boldsymbol{x}, t)\mathrm{d}V = \int_{V(t)} \frac{\partial f}{\partial t}\mathrm{d}V + \oint_{S(t)} \boldsymbol{n}\cdot\boldsymbol{v}f\mathrm{d}S = \int_{V(t)}\left[\frac{\partial f}{\partial t} + \mathrm{div}(\boldsymbol{v}f)\right]\mathrm{d}V \tag{5.1.12}$$

5.1.2 介质的胀缩法

关注每一部分介质的胀缩与改变，有

$$\frac{D}{Dt}\int_{V(t)} f(\boldsymbol{x}, t)\mathrm{d}V = \int_{V(t)} \frac{D}{Dt}\left[f(\boldsymbol{x}, t)\mathrm{d}V\right] = \int_{V(t)} \frac{Df}{Dt}\mathrm{d}V + \int_{V(t)} f\frac{D\mathrm{d}V}{Dt} \tag{5.1.13}$$

类似于(4.7.6)有(此时取初始体积为 $\mathrm{d}V$)：

$$\mathrm{div}\,\boldsymbol{v} = \lim_{\mathrm{d}V\to 0}\frac{D\mathrm{d}V}{\mathrm{d}VDt} \tag{5.1.14}$$

即

$$\frac{D\mathrm{d}(V)}{Dt}=(\mathrm{div}\,\boldsymbol{v})\mathrm{d}V \tag{5.1.15}$$

将(5.1.15)代入(5.1.14)有

$$\frac{D}{Dt}\int_{V(t)}f(\boldsymbol{x},t)\mathrm{d}V=\int_{V(t)}\frac{D}{Dt}\left[f(\boldsymbol{x},t)\mathrm{d}V\right]=\int_{V(t)}\frac{Df}{Dt}\mathrm{d}V+\int_{V(t)}f\mathrm{div}\boldsymbol{v}\mathrm{d}V \tag{5.1.16}$$

该式左边为随体导数，右边第一项为等容导数，第二项为胀缩导数。而

$$\frac{Df}{Dt}=\frac{\partial f}{\partial t}+v\cdot\vec{\nabla}f \tag{5.1.17}$$

将该式代入(5.1.16)有

$$\frac{D}{Dt}\int_{V(t)}f(\boldsymbol{x},t)\mathrm{d}V=\int_{V(t)}\left(\frac{\partial f}{\partial t}+v\cdot\vec{\nabla}f\right)\mathrm{d}V+\int_{V(t)}f\mathrm{div}\boldsymbol{v}\mathrm{d}V=\int_{V(t))}\left(\frac{\partial f}{\partial t}+\mathrm{div}(\boldsymbol{v}f)\right)\mathrm{d}V \tag{5.1.18}$$

对比(5.1.12)和(5.1.18)可以发现二者是相等的。

5.1.3　特　例

当量 $f=\rho\phi$ 时，则有

$$\frac{D}{Dt}\int_{V(t)}\rho\phi\mathrm{d}V=\int_{V(t)}\frac{D}{Dt}(\rho\phi\mathrm{d}V)=\int_{V(t)}\frac{D\phi}{Dt}\rho\mathrm{d}V+\int_{V(t)}\phi\frac{D(\rho\mathrm{d}V)}{Dt}=\int_{V(t)}\rho\frac{D\phi}{Dt}\mathrm{d}V \tag{5.1.17}$$

5.2　闭口与开口体系的连续性方程

连续性方程实质上是质量守恒定律的一种表现形式。

5.2.1　闭口体系积分观点

闭口体系质量的随体导数等于0。利用上节中式(5.1.16)，则

$$\frac{D}{Dt}\int_{V(t)}f(\boldsymbol{x},t)\mathrm{d}V=\frac{DM}{Dt}=\int_{V(t)}\left(\frac{\partial\rho}{\partial t}+\rho\,\mathrm{div}\,\boldsymbol{v}\right)\mathrm{d}V=0 \tag{5.2.1}$$

根据 $V(t)$ 的任意性和被积函数的连续性推导出：

$$\frac{\partial\rho}{\partial t}+\rho\,\mathrm{div}\,\boldsymbol{v}=0 \tag{5.2.2}$$

$$\frac{D\rho}{Dt}+\rho\,\mathrm{div}\,\boldsymbol{v}=0 \tag{5.2.3}$$

这两个式子都是局部形式，不过(5.2.2)为开口观点，(5.2.3)为闭口观点，可以证明二者是等价的。

5.2.2 开口体系积分观点

由于“开口体系的质量变化率=质量的纯流入率”。当取开口体系为空间不动的控制体系 V 时(图5–3)，我们有

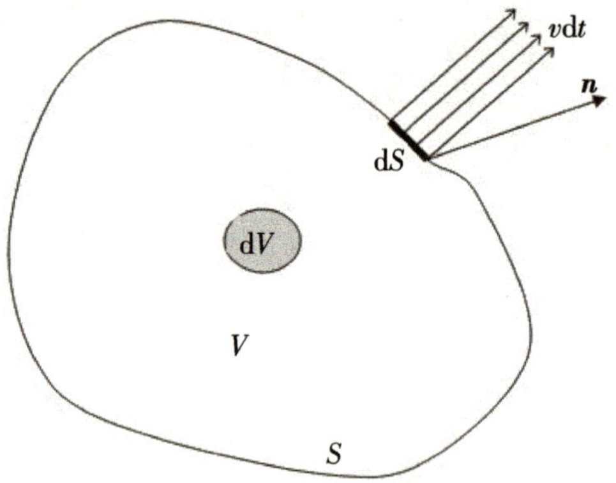

图5–3

$$\text{left}=\frac{\partial}{\partial t}\int_V \rho \mathrm{d}V=\int_V \frac{\partial \rho}{\partial t}\mathrm{d}V \tag{5.2.4}$$

其中 $\mathrm{d}V$ 与 t 无关。

$$\text{right}=-\oint_S \rho \boldsymbol{n}\cdot\boldsymbol{v}\mathrm{d}S=-\oint_S \boldsymbol{n}\cdot\boldsymbol{v}\rho\mathrm{d}S=-\int_V \vec{\nabla}(\rho\boldsymbol{v})\mathrm{d}V=-\int_V \mathrm{div}(\rho\boldsymbol{v})\mathrm{d}V \tag{5.2.5}$$

根据这两个式子得

$$\int_V \frac{\partial \rho}{\partial t}\mathrm{d}V=-\int_V \mathrm{div}(\rho\boldsymbol{v})\mathrm{d}V \tag{5.2.6}$$

根据被积函数的连续性以及 V 的任意性有

$$\frac{\partial \rho}{\partial t}+\mathrm{div}(\rho\boldsymbol{v})=0 \tag{5.2.7}$$

可见开口体系与闭口体系得到的式子一样。

5.2.3 闭口体系微分观点

设微元体积 δV 质量为 δm，则

$$\delta m=\rho\delta V \tag{5.2.8}$$

对该式两端求随体导数：

$$0=\frac{D\rho}{Dt}\delta V+\rho\frac{D\delta V}{Dt} \tag{5.2.9}$$

整理得

$$\frac{D\rho}{\rho Dt}+\frac{1}{\delta V}\frac{D\delta V}{Dt}=0 \tag{5.2.10}$$

左端第二项即为小闭口体系的相对体积膨胀率，根据前面知识知其应该等于

$$\mathrm{div}\,\boldsymbol{v}:\ \frac{D\rho}{Dt}+\rho\,\mathrm{div}\,\boldsymbol{v}=0 \tag{5.2.11}$$

易见(5.2.11)即(5.2.3)。

5.2.4　开口体系微分观点

取微开口体系 $\mathrm{d}x_1\mathrm{d}x_2\mathrm{d}x_3$（图 5-4），也就是静止控制体系，则该体系的质量增加率：

$$\frac{\partial}{\partial t}(\rho\mathrm{d}x_1\mathrm{d}x_2\mathrm{d}x_3)=\frac{\partial\rho}{\partial t}\mathrm{d}x_1\mathrm{d}x_2\mathrm{d}x_3 \tag{5.2.12}$$

该体系的质量纯流入率为

$$-\rho v_2\big|_{x_2+\mathrm{d}x_2}\mathrm{d}x_3\mathrm{d}x_1+\rho v_2\big|_{x_2}\mathrm{d}x_3\mathrm{d}x_1-\rho v_1\big|_{x_1+\mathrm{d}x_1}\mathrm{d}x_2\mathrm{d}x_3+\rho v_1\big|_{x_1}\mathrm{d}x_2\mathrm{d}x_3-\rho v_3\big|_{x_3+\mathrm{d}x_3}\mathrm{d}x_1\mathrm{d}x_2+\rho v_3\big|_{x_3}\mathrm{d}x_1\mathrm{d}x_2=-\left[\frac{\rho v_2}{\partial x_2}+\frac{\rho v_3}{\partial x_3}+\frac{\rho v_1}{\partial x_1}\right]\mathrm{d}x_1\mathrm{d}x_2\mathrm{d}x_3 \tag{5.2.13}$$

由上两个式子相等并整理得出

$$\frac{\rho v_1}{\partial x_1}+\frac{\rho v_2}{\partial x_2}+\frac{\rho v_3}{\partial x_3}+\frac{\partial\rho}{\partial t}=0 \tag{5.2.14}$$

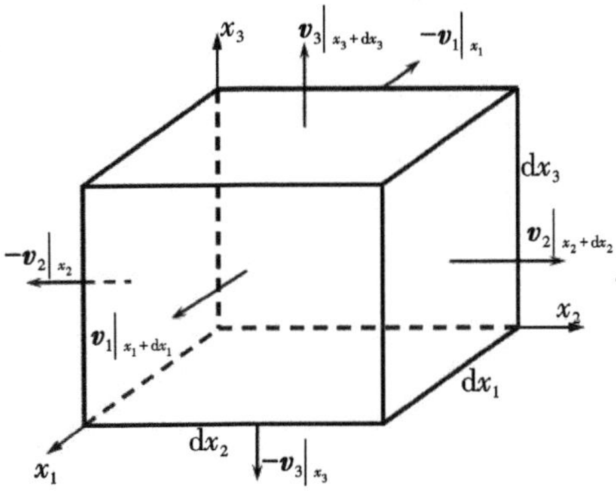

图 5-4

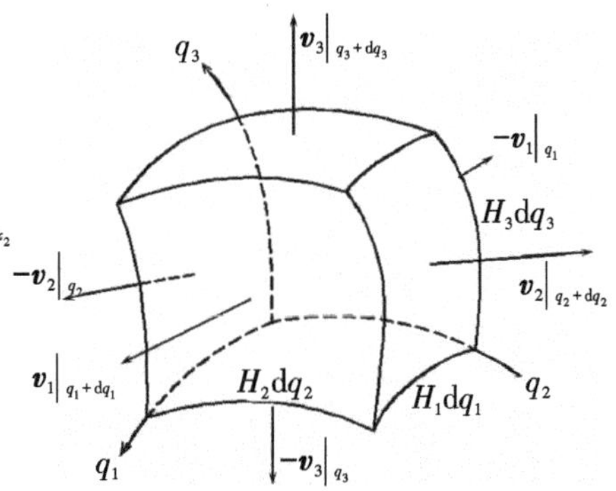

图 5-5

即

$$\frac{\partial \rho}{\partial t}+\operatorname{div}(\rho \boldsymbol{v})=0 \tag{5.2.15}$$

思考:用开口体系微分观点导出正交曲线坐标中(图5-5)连续方程的数学形式。

5.3 闭口体系与开口体系的运动方程

本节所提到的介质运动方程和其动量均衡相关。

5.3.1 闭口体系积分观点

任一时刻,闭口体系的动量增加率=该时刻体系所受的外力矢量和(图5-6)。

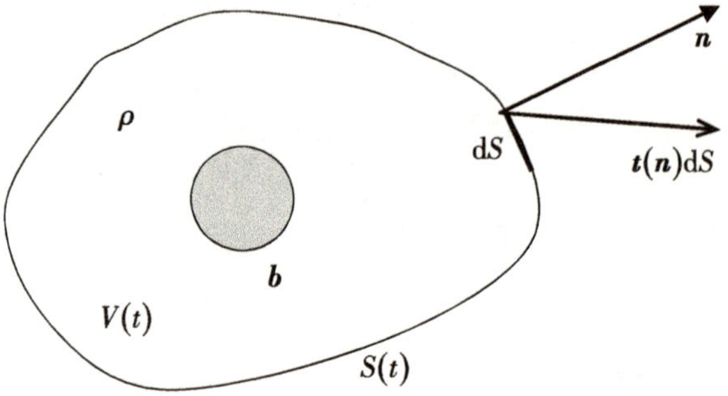

图5-6

$$动量增加率为=\frac{D}{Dt}\int_{V(t)}\rho \boldsymbol{v}\mathrm{d}V \tag{5.3.1}$$

$$外力矢量和=\int_{V(t)}\rho \boldsymbol{b}\mathrm{d}V+\oint_{S(t)}\boldsymbol{t}(\boldsymbol{n})\mathrm{d}S \tag{5.3.2}$$

于是可得出

$$\frac{D}{Dt}\int_{V(t)}\rho \boldsymbol{v}\mathrm{d}V=\int_{V(t)}\rho \boldsymbol{b}\mathrm{d}V+\oint_{S(t)}\boldsymbol{t}(\boldsymbol{n})\mathrm{d}S=\int_{V(t)}\rho \boldsymbol{b}\mathrm{d}V+\oint_{S(t)}\boldsymbol{n}\cdot\boldsymbol{\sigma}\mathrm{d}S \tag{5.3.3}$$

其中

$$\boldsymbol{t}(\boldsymbol{n})=\boldsymbol{n}\cdot\boldsymbol{\sigma} \tag{5.3.4}$$

或者

$$t_j(\boldsymbol{n})=n_i\sigma_{ij} \tag{5.3.5}$$

而

$$\frac{D}{Dt}\int_{V(t)}\rho\boldsymbol{v}\mathrm{d}V=\int_{V(t)}\rho\frac{D\boldsymbol{v}}{Dt}\mathrm{d}V \tag{5.3.6}$$

$$\oint_{S(t)}\boldsymbol{n}\cdot\boldsymbol{\sigma}\mathrm{d}S=\int_{V(t)}\vec{\nabla}\cdot\boldsymbol{\sigma}\mathrm{d}V=\int_{V(t)}\mathrm{div}\boldsymbol{\sigma}\mathrm{d}V \tag{5.3.7}$$

将(5.3.6)和(5.3.6)代入(5.3.3)得

$$\int_{V(t)}\rho\frac{D\boldsymbol{v}}{Dt}\mathrm{d}V=\int_{V(t)}\rho\boldsymbol{b}\mathrm{d}V+\int_{V(t)}\mathrm{div}\boldsymbol{\sigma}\mathrm{d}V \tag{5.3.8}$$

式(5.3.8)和(5.3.3)均为积分形式的动量定理。由 V 的任意性以及被积函数的连续性可得出

$$\rho\frac{D\boldsymbol{v}}{Dt}=\rho\boldsymbol{b}+\mathrm{div}\,\boldsymbol{\sigma} \tag{5.3.9}$$

这是微分形式或局部形式的运动方程。

将(5.3.9)投影到笛卡尔坐标系 $X_1X_2X_3$ 中得

$$\rho\frac{Dv_i}{Dt}=\rho b_i+\frac{\partial\sigma_{ji}}{\partial x_i} \tag{5.3.10}$$

因为在非极性物质里，

$$\vec{\nabla}\cdot\boldsymbol{\sigma}\overset{\sigma=\sigma^T}{=}\boldsymbol{\sigma}\cdot\overleftarrow{\nabla} \tag{5.3.11}$$

所以

$$\rho\frac{Dv_i}{Dt}=\rho b_i+\frac{\partial\sigma_{ij}}{\partial x_i} \tag{5.3.12}$$

5.3.2　开口体系积分观点

任一时刻开口体系动量增加率=该时刻外力矢量和+动量的纯流入率。取开口体系为一个静止的控制体(图5-7)，则

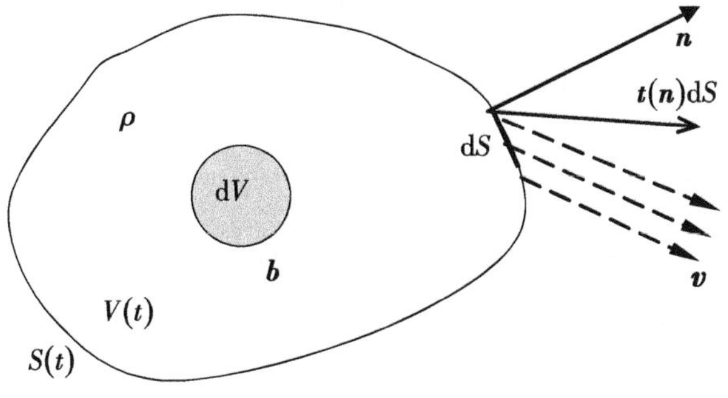

图5-7

$$体系的动量增加率=\frac{\partial}{\partial t}\int_V \rho\boldsymbol{v}\mathrm{d}V=\int_V \frac{\rho\boldsymbol{v}}{\partial t}\mathrm{d}V \tag{5.3.13}$$

$$外力=\int_V \rho\boldsymbol{b}\mathrm{d}V+\oint_S \boldsymbol{t}(\boldsymbol{n})\mathrm{d}S=\int_V \rho\boldsymbol{b}\mathrm{d}V+\oint_S \boldsymbol{n}\cdot\boldsymbol{\sigma}\mathrm{d}S=\int_V \rho\boldsymbol{b}\mathrm{d}V+\int_V \vec{\nabla}\cdot\boldsymbol{b}dV \tag{5.3.14}$$

$$动量纯流入率=-\oint_S (\boldsymbol{n}\cdot\boldsymbol{v})\rho\boldsymbol{v}\mathrm{d}S=-\oint_V \vec{\nabla}(\rho\boldsymbol{v}\boldsymbol{v})\mathrm{d}V \tag{5.3.15}$$

根据(5.3.13)(5.3.14)和(5.3.15)可得积分形式开口意义上的动量定理：

$$\int_V \frac{\rho\boldsymbol{v}}{\partial t}\mathrm{d}V=\int_V \rho\boldsymbol{b}\mathrm{d}V+\int_V \vec{\nabla}\cdot\boldsymbol{b}\mathrm{d}V-\oint_V \vec{\nabla}(\rho\boldsymbol{v}\boldsymbol{v})\mathrm{d}V \tag{5.3.16}$$

这就是积分形式的动量均衡定律。局部化或微分形式为

$$\frac{\rho\boldsymbol{v}}{\partial t}=\rho\boldsymbol{b}+\vec{\nabla}\cdot\boldsymbol{b}-\vec{\nabla}(\rho\boldsymbol{v}\boldsymbol{v}) \tag{5.3.17}$$

最后一项为动量流散度(1秒钟内纯流入单位体积介质的动量)，即

$$-\vec{\nabla}(\rho\boldsymbol{v}\boldsymbol{v})=-\mathrm{div}(\rho\boldsymbol{v}\boldsymbol{v}) \tag{5.3.18}$$

下面证明(5.3.9)和(5.3.16)相等。

事实上，质量流导数为

$$\frac{(\rho\boldsymbol{v})}{\partial t}=\rho\frac{\partial\boldsymbol{v}}{\partial t}+\boldsymbol{v}\frac{\partial\rho}{\partial t} \tag{5.3.19}$$

$$\vec{\nabla}(\rho\boldsymbol{v}\boldsymbol{v})=\vec{\nabla}_i(\rho v_i v_j\boldsymbol{e}_j)=\rho v_i\vec{\nabla}_i(v_j\boldsymbol{e}_j)+v_j\boldsymbol{e}_j\vec{\nabla}_i(\rho v_i)=\rho\boldsymbol{v}\left(\vec{\nabla}\boldsymbol{v}\right)+\boldsymbol{v}\vec{\nabla}(\rho\boldsymbol{v}) \tag{5.3.20}$$

将(5.3.19)和(5.3.20)代入(5.3.17)：

$$\rho\frac{\partial\boldsymbol{v}}{\partial t}+\boldsymbol{v}\frac{\partial\rho}{\partial t}+\rho\boldsymbol{v}\left(\vec{\nabla}\boldsymbol{v}\right)+\boldsymbol{v}\vec{\nabla}(\rho\boldsymbol{v})=\rho\boldsymbol{b}+\vec{\nabla}\cdot\boldsymbol{b} \tag{5.3.21}$$

而

$$\begin{cases}\rho\left(\dfrac{\partial\boldsymbol{v}}{\partial t}+\boldsymbol{v}\cdot\vec{\nabla}\boldsymbol{v}\right)=\rho\dfrac{D\boldsymbol{v}}{Dt}\\ \boldsymbol{v}\left[\dfrac{\partial\rho}{\partial t}+\vec{\nabla}(\rho\boldsymbol{v})\right]\overset{(5.2.6)}{=}0\end{cases} \tag{5.3.22}$$

代入(5.3.21)就可得出(5.3.9)和(5.3.21)相等。

5.3.3 闭口体系微分观点

将闭口体系动量定理应用于 t 时刻恰到达 $\mathrm{d}x_1\mathrm{d}x_2\mathrm{d}x_3$（图 5-8）中那部分物质，则动量定理给出：

$$动量变化率=\rho\frac{D\boldsymbol{v}}{Dt}\mathrm{d}x_1\mathrm{d}x_2\mathrm{d}x_3 \tag{5.3.23}$$

$$体积力=\rho \boldsymbol{b}\mathrm{d}x_1\mathrm{d}x_2\mathrm{d}x_3 \tag{5.3.24}$$

$$面力=-t_2\big|_{x_2}\mathrm{d}x_3\mathrm{d}x_1+t_2\big|_{x_2+\mathrm{d}x_2}\mathrm{d}x_3\mathrm{d}x_1-t_1\big|_{x_1}\mathrm{d}x_2\mathrm{d}x_2+t_1\big|_{x_1+\mathrm{d}x_1}\mathrm{d}x_2\mathrm{d}x_2-t_3\big|_{x_3}\mathrm{d}x_1\mathrm{d}x_2+t_3\big|_{x_3+\mathrm{d}x_3}\mathrm{d}x_1\mathrm{d}x_2 \tag{5.3.25}$$

(5.3.25)化简为

$$面力=\frac{\partial t_j}{\partial x_j}\mathrm{d}x_1\mathrm{d}x_2\mathrm{d}x_3 \tag{5.3.26}$$

于是有

$$\rho\frac{D\boldsymbol{v}}{Dt}=\rho\boldsymbol{b}+\frac{\partial t_j}{\partial x_j} \tag{5.3.27}$$

而

$$\boldsymbol{t}_j=\boldsymbol{e}_j\cdot\boldsymbol{\sigma} \tag{5.3.28}$$

所以

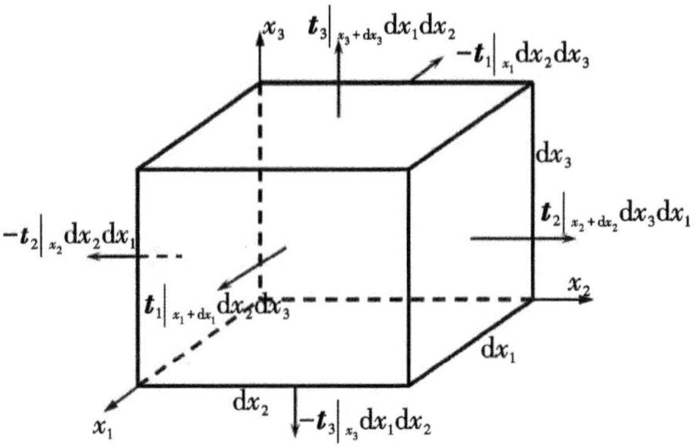

图5-8

$$\frac{\partial \boldsymbol{t}_j}{\partial x_j}=\vec{\nabla}_j e_j\cdot\boldsymbol{\sigma}=\vec{\nabla}\cdot\boldsymbol{\sigma}=\mathrm{div}\,\boldsymbol{\sigma} \tag{5.3.29}$$

可见(5.3.27)和(5.3.9)相等。

5.3.4 开口体系微分观点

思考:在直角笛卡尔坐标系下讨论介质运动方程。提示:动量变化率=体积力+面力+动量纯流入率。

5.4 正交曲线坐标中的运动方程

5.4.1 一般方法

对于闭口体系,运动方程:

$$\rho\frac{D\boldsymbol{v}}{Dt}=\rho\boldsymbol{b}+\vec{\nabla}\cdot\boldsymbol{\sigma} \tag{5.4.1}$$

在笛卡尔坐标系下:

$$\rho\frac{Dv_i}{Dt}=\rho b_i+\frac{\partial\sigma_{ji}}{\partial x_j}\quad(i=1,2,3) \tag{5.4.2}$$

对于开口体系:

$$\frac{(\rho\boldsymbol{v})}{\partial t}=\rho\boldsymbol{b}+\vec{\nabla}\cdot\boldsymbol{b}-\vec{\nabla}(\rho\boldsymbol{v}\boldsymbol{v}) \tag{5.4.3}$$

投影到 $\boldsymbol{e}_i$ 方向上:

$$\frac{(\rho v_i)}{\partial t}=\rho b_i+\frac{\partial\sigma_{ji}}{\partial x_j}-\frac{\partial}{\partial x_j}(\rho v_j v_i)\quad(i=1,2,3) \tag{5.4.4}$$

但对于正交曲线坐标就不一样了,因为其基矢量 $\bar{\boldsymbol{e}}_i$ 与 q_i 有关,Lapla算子的表达式也复杂多了。

对于正交曲线坐标有

$$\begin{cases}\bar{\boldsymbol{e}}_k=\beta_{kj}\boldsymbol{e}_j\\ \boldsymbol{e}_j=\beta_{kj}\bar{\boldsymbol{e}}_k\end{cases} \tag{5.4.5}$$

$$\beta_{kj}=\bar{\boldsymbol{e}}_k\cdot\boldsymbol{e}_j=\frac{1}{H_k}\frac{\partial x_j}{\partial q_k}=\frac{\partial x_j}{\partial S_k} \tag{5.4.6}$$

其中

$$H_k(p)=\left|\hat{\boldsymbol{e}}_k(p)\right|=\sqrt{\left(\frac{\partial x_1}{\partial q_k}\right)^2+\left(\frac{\partial x_2}{\partial q_k}\right)^2+\left(\frac{\partial x_3}{\partial q_k}\right)^2}\quad(k=1,2,3) \tag{5.4.7}$$

$$\beta_{ik}\beta_{jk}=\delta_{ij}=\beta_{ki}\beta_{kj} \tag{5.4.8}$$

且

$$\begin{cases}\dfrac{\partial\bar{\boldsymbol{e}}_1}{\partial q_1}=\dfrac{\partial H_1}{H_2\partial q_2}\bar{\boldsymbol{e}}_2-\dfrac{\partial H_1}{H_3\partial q_3}\bar{\boldsymbol{e}}_3\\ \dfrac{\partial\bar{\boldsymbol{e}}_1}{\partial q_2}=\dfrac{\partial H_2}{H_1\partial q_1}\bar{\boldsymbol{e}}_2\\ \dfrac{\partial\bar{\boldsymbol{e}}_1}{\partial q_3}=\dfrac{\partial H_3}{H_1\partial q_1}\bar{\boldsymbol{e}}_3\end{cases}\tag{5.4.9}$$

把下标按1->2->3->1顺序转换一下，就可得到 $\dfrac{\partial\bar{\boldsymbol{e}}_2}{\partial q_i}$ 和 $\dfrac{\partial\bar{\boldsymbol{e}}_3}{\partial q_i}$ 的表达式。由此可见 $\bar{\boldsymbol{e}}_i$ 与 q_i 有关。

下面来考察Labla算子表达式：

$$\vec{\nabla}=\boldsymbol{e}_j\frac{\partial}{\partial x_j}=\frac{\partial}{H_k\partial q_k}\bar{\boldsymbol{e}}_k\tag{5.4.10}$$

$$\boldsymbol{v}=v_i\boldsymbol{e}_i\tag{5.4.11}$$

$$\boldsymbol{\sigma}=\boldsymbol{\sigma}_{ij}\bar{\boldsymbol{e}}_i\bar{\boldsymbol{e}}_j\tag{5.4.12}$$

是不是将(5.4.9)(5.4.10)和(5.4.11)代入(5.4.1)就行了呢？答案是否定的！

$$\frac{D\boldsymbol{v}}{Dt}=\frac{D}{Dt}\left(\bar{v}_i\bar{e}_i\right)=\frac{D\bar{v}_i}{Dt}\bar{e}_i+\bar{v}_i\frac{D\bar{e}_i}{Dt}=\frac{D\bar{v}_i}{Dt}\bar{e}_i+\bar{v}_i\left[\frac{\partial\bar{e}_i}{\partial t}+\boldsymbol{v}\cdot\vec{\nabla}\bar{e}_i\right]=\frac{D\bar{v}_i}{Dt}\bar{e}_i+\bar{v}_i\left[\frac{\partial}{H_k\partial q_k}\bar{e}_i\right]\tag{5.4.13}$$

加速度在第一坐标方向上分量为

$$\bar{a}_1=\left(\frac{D\boldsymbol{v}}{Dt}\right)=\frac{D\bar{\boldsymbol{v}}_1}{Dt}+\frac{\bar{\boldsymbol{v}}_1\bar{\boldsymbol{v}}_2}{H_1H_2}\frac{\partial H_1}{\partial q_2}+\frac{\bar{\boldsymbol{v}}_2\bar{\boldsymbol{v}}_3}{H_1H_3}\frac{\partial H_1}{\partial q_3}-\frac{\bar{\boldsymbol{v}}_2^2}{H_2H_1}\frac{\partial H_2}{\partial q_1}-\frac{\bar{\boldsymbol{v}}_3^2}{H_3H_1}\frac{\partial H_3}{\partial q_1}\tag{5.4.14}$$

把下标1->2->3->1转换一下，可得到 $\bar{a}_2$ 和 $\bar{a}_3$ 表达式。而

$$\frac{D\bar{\boldsymbol{v}}_1}{Dt}=\frac{\partial\boldsymbol{v}_1}{\partial t}+\frac{\bar{\boldsymbol{v}}_i}{H_i}\frac{\partial\bar{\boldsymbol{v}}_1}{\partial q_i}\quad\left(i=1,2,3\right)\tag{5.4.15}$$

至此，在正交曲线坐标下(5.4.1)中最后一项 $\vec{\nabla}\cdot\boldsymbol{\sigma}$ 尚不知道，可用两种方法得到。

(i)直接法：

$$\vec{\nabla}\cdot\boldsymbol{\sigma}=\frac{\bar{\boldsymbol{e}}_i}{H_j}\frac{\partial}{\partial q_j}\left(\sigma_{ki}\bar{\boldsymbol{e}}_k\bar{\boldsymbol{e}}_i\right)\tag{5.4.16}$$

(ii) 如图 5-9 所示，取一个微元体作为研究对象，其体积为 $\mathrm{d}V=H_1H_2H_3\mathrm{d}q_1\mathrm{d}q_2\mathrm{d}q_3$。

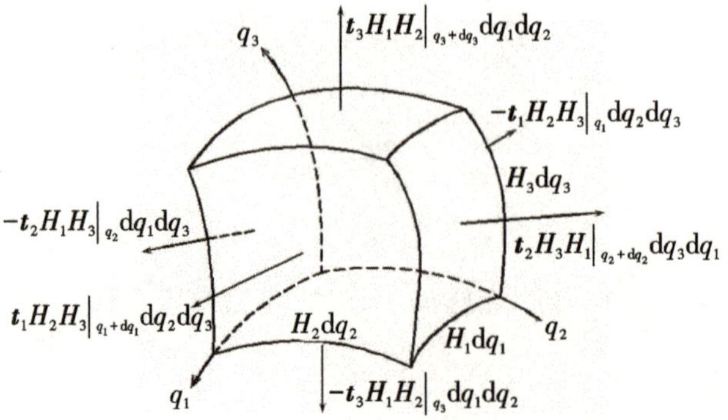

图5-9

$$\vec{\nabla}\cdot\boldsymbol{\sigma}=\lim_{dV\to 0}\frac{1}{dV}\oint_S \boldsymbol{n}\cdot\boldsymbol{\sigma}dS=\frac{1}{H_1H_2H_3dq_1dq_2dq_3}\{t_1H_2H_3\big|_{q_1+dq_1}dq_2dq_3-t_1H_2H_3\big|_{q_1}dq_2dq_3+ t_2H_1H_3\big|_{q_2+dq_2}dq_1dq_3-t_2H_1H_3\big|_{q_2}dq_1dq_3+t_3H_1H_2\big|_{q_3+dq_3}dq_1dq_2-t_3H_1H_2\big|_{q_3}dq_1dq_2\} \tag{5.4.17}$$

由此可得

$$\vec{\nabla}\cdot\boldsymbol{\sigma}=\frac{1}{H_1H_2H_3}\left\{\frac{\partial H_2H_3\boldsymbol{t}_1}{\partial q_1}+\frac{\partial H_3H_1\boldsymbol{t}_2}{\partial q_2}+\frac{\partial H_1H_2\boldsymbol{t}_3}{\partial q_3}\right\} \tag{5.4.18}$$

因为

$$\boldsymbol{t}_1=\bar{\boldsymbol{e}}_1\cdot\boldsymbol{\sigma}=\bar{\boldsymbol{\sigma}}_{11}\bar{\boldsymbol{e}}_1+\bar{\boldsymbol{\sigma}}_{12}\bar{\boldsymbol{e}}\bar{\boldsymbol{e}}_2+\bar{\boldsymbol{\sigma}}_{13}\bar{\boldsymbol{e}}_3 \tag{5.4.19}$$

$$\frac{\partial H_1H_3\boldsymbol{t}_1}{\partial q_1}=\frac{\partial}{\partial q_1}\{H_2H_3[\bar{\boldsymbol{\sigma}}_{11}\bar{\boldsymbol{e}}_1+\bar{\boldsymbol{\sigma}}_{12}\bar{\boldsymbol{e}}_2+\bar{\boldsymbol{\sigma}}_{13}\bar{\boldsymbol{e}}_3]\} \tag{5.4.20}$$

利用(5.4.9)得出

$$\left(\vec{\nabla}\cdot\boldsymbol{\sigma}\right)_1=\frac{1}{H_1H_2H_3}\{\frac{\partial H_2H_3\bar{\boldsymbol{\sigma}}_{11}}{\partial q_1}+\frac{\partial H_3H_1\bar{\boldsymbol{\sigma}}_{21}}{\partial q_2}+\frac{\partial H_3H_1\bar{\boldsymbol{\sigma}}_{21}}{\partial q_3}+ H_3\bar{\sigma}_{12}\frac{\partial H_1}{\partial q_2}+H_2\bar{\sigma}_{13}\frac{\partial H_1}{\partial q_3}-H_3\bar{\sigma}_{22}\frac{\partial H_2}{\partial q_1}-H_3\bar{\sigma}_{33}\frac{\partial H_3}{\partial q_1}\} \tag{5.4.21}$$

把下标按1->2->3->1顺序转换一下,可得$\left(\vec{\nabla}\cdot\boldsymbol{\sigma}\right)_2$和$\left(\vec{\nabla}\cdot\boldsymbol{\sigma}\right)_3$。

对于一般方法:式(5.4.14)、(5.4.15)和(5.4.21)即为着正交曲线坐标的运动方程表达式。

5.4.2 柱坐标和球坐标

本部分我们将以一个实例来说明问题:从推导柱坐标中 r 方向运动方程入手。

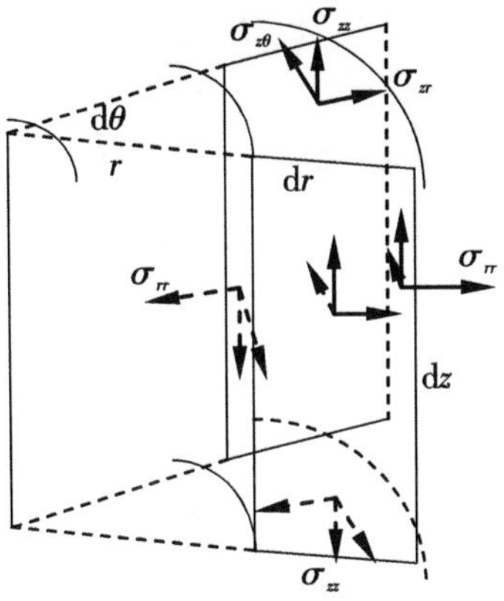

图5-10

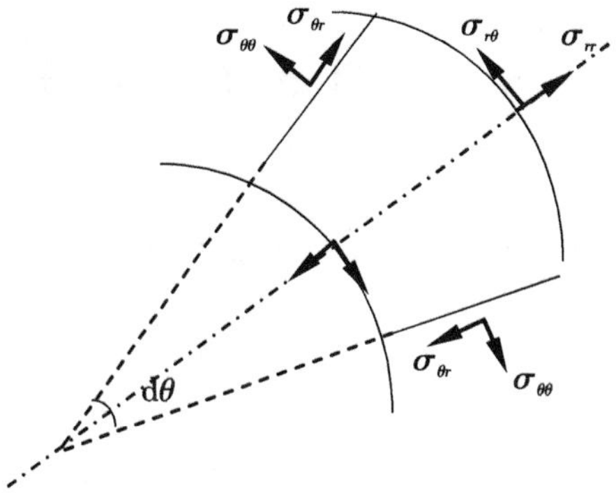

图5-11

(1)面 z 和 $z+\mathrm{d}z$ 上在 r 方向力(图5-10)为

$$\sigma_{zr}r\mathrm{d}\theta\mathrm{d}r\Big|_{z+dz}-\sigma_{zr}r\mathrm{d}\theta\mathrm{d}r\Big|_{z}=\frac{\partial\sigma_{zr}}{\partial z}\mathrm{d}zr\mathrm{d}\theta\mathrm{d}r=\frac{\partial\sigma_{zr}}{\partial z}r\mathrm{d}\theta\mathrm{d}r\mathrm{d}z \tag{5.4.22}$$

(2)面 r 和 $r+\mathrm{d}r$ 上在 r 方向力(图5-10)为

$$\sigma_{rr}r\mathrm{d}\theta\mathrm{d}z\Big|_{r+dr}-\sigma_{rr}r\mathrm{d}\theta\mathrm{d}z\Big|_{r}=\frac{[r\sigma_{rr}]}{\partial r}\mathrm{d}r\mathrm{d}\theta\mathrm{d}z=\frac{\partial\sigma_{rr}}{\partial r}r\mathrm{d}r\mathrm{d}\theta\mathrm{d}z+\sigma_{rr}\mathrm{d}r\mathrm{d}\theta\mathrm{d}z \tag{5.4.23}$$

右边第一项由两个面上应力不均匀引起的;第二项是由两个面上面积改变引起的,即面力不均匀引起的。

(3)面 θ 和 $\theta+\mathrm{d}\theta$ 上在 r 方向力(图5-11)为

$$\sigma_{\theta r}\mathrm{d}r\mathrm{d}z\cos\frac{\mathrm{d}\theta}{2}\Big|_{\theta+\mathrm{d}\theta}-\sigma_{\theta r}\mathrm{d}r\mathrm{d}z\cos\frac{\mathrm{d}\theta}{2}\Big|_{\theta}-\sigma_{\theta\theta}\mathrm{d}r\mathrm{d}z\sin\frac{\mathrm{d}\theta}{2}\Big|_{\theta+\mathrm{d}\theta}-\sigma_{\theta\theta}\mathrm{d}r\mathrm{d}z\sin\frac{\mathrm{d}\theta}{2}\Big|_{\theta}$$
$$=\frac{\partial\sigma_{\theta r}}{\partial\theta}\mathrm{d}\theta\mathrm{d}r\mathrm{d}z-\sigma_{\theta\theta}\mathrm{d}r\mathrm{d}\theta\mathrm{d}z \tag{5.4.24}$$

(5.4.24)的化简中用到 $\cos\frac{\mathrm{d}\theta}{2}\approx1$ 和 $\sin\frac{\mathrm{d}\theta}{2}\approx\frac{\mathrm{d}\theta}{2}$,这是因为 $\mathrm{d}\theta$ 很小。

在 r 方向的运动方程表示为

$$(\rho r\mathrm{d}r\mathrm{d}\theta\mathrm{d}z)a_r=(\rho r\mathrm{d}r\mathrm{d}\theta\mathrm{d}z)b_r+\frac{\partial\sigma_{zr}}{\partial z}r\mathrm{d}\theta\mathrm{d}r\mathrm{d}z+\frac{\partial\sigma_{rr}}{\partial r}r\mathrm{d}r\mathrm{d}\theta\mathrm{d}z+\sigma_{rr}\mathrm{d}r\mathrm{d}\theta\mathrm{d}z+$$
$$\frac{\partial\sigma_{\theta r}}{\partial\theta}\mathrm{d}\theta\mathrm{d}r\mathrm{d}z-\sigma_{\theta\theta}\mathrm{d}r\mathrm{d}\theta\mathrm{d}z \tag{5.4.25}$$

两端均除以 $r\mathrm{d}r\mathrm{d}\theta\mathrm{d}z$ 得出

$$\rho a_r=\rho b_r+\frac{\partial\sigma_{zr}}{\partial z}+\frac{\partial\sigma_{rr}}{\partial r}+\frac{\partial\sigma_{zr}}{r\quad\theta}+\frac{\sigma_{rr}-\sigma_{\theta\theta}}{r} \tag{5.4.26}$$

其中 $\sigma_{\theta\theta}$ 表示两个 θ 面不平行引起的，说明该面上正应力也在 r 方向上有分量。

5.5 闭口体系与开口体系的能量方程

5.5.1 闭口体系的积分观点

参照图 5-6，任一时刻闭口体系的总能量变化率=该时刻外力功率+供热率。

$$\dot{E}=\dot{W}+\dot{Q} \tag{5.5.1}$$

设 e 代表比内能；k 代表比动能。则

$$\dot{E}=\frac{D}{Dt}\int_{V(t)}\rho(e+k)\mathrm{d}V=\int_{V(t)}\rho\frac{D}{Dt}(e+k)\mathrm{d}V \tag{5.5.2}$$

$$\dot{W}=\int_{V(t)}\boldsymbol{v}\cdot\rho\boldsymbol{b}\mathrm{d}V+\oint_{S(t)}\boldsymbol{n}\cdot\boldsymbol{\sigma}\cdot\boldsymbol{v}\mathrm{d}S=\int_{V(t)}\boldsymbol{v}\cdot\rho\boldsymbol{b}dV+\int_{V(t)}\vec{\nabla}(\boldsymbol{\sigma}\cdot\boldsymbol{v})\mathrm{d}V \tag{5.5.3}$$

而

$$\dot{Q}=\dot{Q}_1+\dot{Q}_2 \tag{5.5.4}$$

其中，$\dot{Q}_1$ 为热传导供热率；$\dot{Q}_2$ 为热辐射供热率。

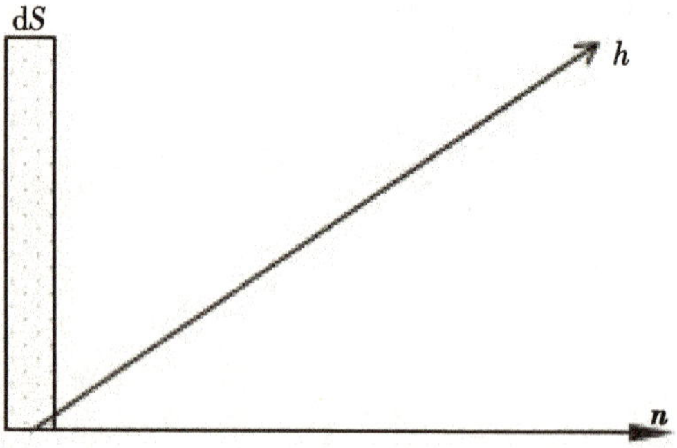

图 5-12

$$\dot{Q}_1=-\oint_{S(t)}\boldsymbol{h}\cdot\boldsymbol{n}\mathrm{d}S=-\oint_{S(t)}\boldsymbol{n}\cdot\boldsymbol{h}\mathrm{d}S=-\int_{V(t)}\vec{\nabla}\cdot\boldsymbol{h}\mathrm{d}V \tag{5.5.5}$$

$$\dot{Q}_2=\int_{V(t)}\rho r\mathrm{d}V \tag{5.5.6}$$

式中，r 为比热辐射供热率。

将(5.5.2)(5.5.3)(5.5.5)和(5.5.6)代入(5.5.1)得出

$$\int_{V(t)}\frac{\rho D(e+k)}{Dt}\mathrm{d}V=\int_{V(t)}\boldsymbol{v}\quad\rho\boldsymbol{b}\mathrm{d}V+\int_{V(t)}\vec{\nabla}(\boldsymbol{\sigma}\cdot\boldsymbol{v})\mathrm{d}V+\int_{V(t)}\rho r\mathrm{d}V-\int_{V(t)}\vec{\nabla}\cdot\boldsymbol{h}\mathrm{d}V \tag{5.5.7}$$

(5.5.7)即为积分形式或者整体形式的能量方程。根据此式，我们可得出：

$$\frac{\rho D(e+k)}{Dt}=\boldsymbol{v}\rho\boldsymbol{b}+\vec{\nabla}(\boldsymbol{\sigma}\cdot\boldsymbol{v})+\rho r-\vec{\nabla}\cdot\boldsymbol{h} \tag{5.5.8}$$

这是微分形式的能量方程。从左到右各项含义分别为单位瞬时体积介质的能量变化率、体力功率、面力功率、热辐射供热率以及热传导供热率。(5.5.8)表示能量的均衡。

我们有

$$\vec{\nabla}(\boldsymbol{\sigma}\cdot\boldsymbol{v})=\vec{\nabla}_j(\sigma_{ji}v_i)=v_i\vec{\nabla}_j\sigma_{ji}+\sigma_{ji}\vec{\nabla}_jv_i=v_i\vec{\nabla}_j\sigma_{ji}+\sigma_{ji}(D_{ij}+W_{ij})=v_i\vec{\nabla}_j\sigma_{ji}+\sigma_{ij}D_{ij} \tag{5.5.9}$$

即

$$\vec{\nabla}(\boldsymbol{\sigma}\cdot\boldsymbol{v})=\boldsymbol{v}\left(\vec{\nabla}\cdot\boldsymbol{\sigma}\right)+\boldsymbol{\sigma}:D \tag{5.5.10}$$

若将运动方程两边点乘 $\boldsymbol{v}$ 得

$$\boldsymbol{v}\left(\rho\frac{D\boldsymbol{v}}{Dt}\right)=\boldsymbol{v}(\rho\boldsymbol{b}+\nabla\cdot\boldsymbol{b}) \tag{5.5.11}$$

即

$$\left(\rho\frac{Dk}{Dt}\right)=\boldsymbol{v}(\rho\boldsymbol{b}+\nabla\cdot\boldsymbol{b}) \tag{5.5.12}$$

该式含义为：单位瞬时体积介质的动能变化率=体力和面力的刚动功率。

将(5.5.10)代入(5.5.8)并利用(5.5.12)得出

$$\rho\frac{De}{Dt}=\boldsymbol{\sigma}:\boldsymbol{D}+\rho r-\vec{\nabla}\cdot\boldsymbol{h} \tag{5.5.13}$$

这相当于把(5.5.8)分开来成为(5.5.12)和(5.5.12)两个式子。

5.5.2　开口体系的积分观点

任一时刻开口体系总能量的增加率=该时刻的外力功率+外界供热率+总能量的纯流入率。

具体内容和前述类似(参照图5–7)，此处略。

5.5.3　闭口体系的微分观点

具体内容和前述类似，此处略。

5.5.4 闭口体系的微分观点

具体内容和前述类似,此处略。

思考:试由微开口体系的能量守恒定律导出柱坐标中 θ 方向的运动方程。

第六章

材料的本构关系

材料的本构方程理论以一系列公理化的假设为基础,统一处理各种有耗散机制的介质的热力学性质。本构关系是以运动历史和温度历史为本源变量,寻求各种因变量对本源变量的依赖关系。常见的本构类型有热弹性流体、粘性流体、热弹性固体、弹塑性体、粘弹性体和粘塑性体等。

6.1 热弹性流体

当不考虑内摩擦效应时,压力由变形和温度的瞬态值所决定的材料,一般称之为热弹性流体,其状态方程一般有几种形式。

6.1.1 温度型状态方程

弹性流体是指在很小的剪应力作用下即会发生流动的物质,因此弹性流体中的切应力为零。对常规条件下的固体,可以将其运动分解为平均压力和应力偏量之和:

$$\boldsymbol{\sigma} = -\bar{p}\boldsymbol{I} + \boldsymbol{\sigma}' \tag{6.1.1}$$

其中 $\bar{p} \equiv -\sigma_{kk}/3$(压为正),通常称之为流体动力学压力或者球形平均压力;σ' 为应力偏量、偏应力。当 $\left\|\sigma'\right\| \ll \bar{p}$,则

$$\boldsymbol{\sigma} = -\bar{p}\boldsymbol{I} \tag{6.1.2}$$

或

$$\sigma_{ij} = -\bar{p}\delta_{ij} \tag{6.1.3}$$

其次,$\bar{p}$ 与变形速度张量 $\boldsymbol{D}$ 无关,只是温度和密度的函数,即

$$\bar{p}=\bar{p}(\rho,T) \tag{6.1.4}$$

或

$$f(p,\rho,T)=0 \tag{6.1.5}$$

该式把压力和密度、温度一样均看作是应变量，一般称之为温度型状态方程。例如：

$$pV=\frac{M}{\mu}R_0T \tag{6.1.6}$$

其中，R_0 为普适气体常数，一般地 $R_0=8.31\times10^7$尔格/摩尔·度。
或表示为

$$p=\rho RT\left(R=\frac{R_0}{\mu}\right) \tag{6.1.7}$$

对空气：$R=8.313\times10^7/28.9=2.88\times10^6$尔格/克·度。（注：空气摩尔质量为28.9克/摩尔）

在压力不是很高时，(6.1.7)对很多气体都是适用的；压力很高时，可对(6.1.7)进行修正。常见的是范德瓦尔斯方程：

$$\left(p+\frac{\alpha}{v^2}\right)(v-\beta)=RT \tag{6.1.8}$$

α/v^2 反映了气体分子间的作用力，β 反映了分子本身体积。对空气而言：

$$\begin{cases}\alpha=3\times10^{-3}p_0v_0^2\\ \beta=3\times10^{-3}v_0\end{cases} \tag{6.1.9}$$

p_0、v_0 为标准状态。

6.1.2 内能型状态方程

该类型的状态方程为

$$p=p(v,e)\text{ 或 }f(p,v,e)=0 \tag{6.1.10}$$

基于统计物理学考虑得出的一个固体在高压下的内能型状态方程是常见的 Grüneisen 方程：

$$p=p_k(v)+\frac{\gamma(v)}{v}\left[e-e_k(v)\right] \tag{6.1.11}$$

其中，$p_k(v)$ 表示冷压，$e_k(v)$ 表示冷能，$\gamma(v)$ 为 Grüneisen 系数，其一般表达为

$$\gamma(v,e) \equiv \mathrm{v}\frac{\partial p(v,e)}{\partial e}\bigg|_v = \left[\frac{\mathrm{d}p}{\rho \mathrm{d}e}\right]_v = \left[\frac{\mathrm{d}p}{\mathrm{d}Q}\right]_v \tag{6.1.12}$$

即单位体积气体介质在等容条件下的热压力系数。

Grüneisen 假定，$\gamma(v)$ 只与比容有关而与内能无关，故

$$\gamma(v,e) = \gamma(v) \tag{6.1.13}$$

则(6.1.12)给出

$$\gamma(v) = v\frac{\partial p}{\partial e} \tag{6.1.14}$$

即得

$$\mathrm{d}p = \frac{\gamma(v)}{v}\mathrm{d}e \tag{6.1.15}$$

将该式从绝对零度开始积分得到

$$\int_{p_k(0)}^{p}\mathrm{d}p = \frac{\gamma(v)}{v}\int_{e_k(v)}^{e}\mathrm{d}e \tag{6.1.16}$$

该式也就是(6.1.11)。

上面所说的冷压、冷能是特指绝对零度时的压力和内能。

6.1.3　焓型状态方程

焓的物理含义为等压条件下介质吸热的本领，焓 h 的定义为

$$h = e + pv \tag{6.1.17}$$

如此，由内能型状态方程(6.1.10)可容易得到焓型的状态方程：

$$p = p(v,h) \tag{6.1.18}$$

由(6.1.17)可以得到

$$\mathrm{d}h = \mathrm{d}e + p\mathrm{d}v + v\mathrm{d}p \overset{\text{等压}}{=} \mathrm{d}e + p\mathrm{d}v \overset{\text{等压}}{=} \mathrm{d}Q \tag{6.1.19}$$

6.1.4　熵型状态方程

热力学第二定律揭示了实际的热力学过程的不可逆性，并对不可逆过程的方向给出了数学的表达：

$$\mathrm{d}S \geqslant \frac{\mathrm{d}Q}{T} \tag{6.1.20}$$

其中 S 表示比熵(Entropy)，$\mathrm{d}S$ 表示熵增，$\mathrm{d}Q$ 表示体系从热源吸收的微热，T

为热源的绝对温度。

上式中等号表示可逆过程，即理想的无限缓慢的准平衡方程。和(6.1.10)等类似，我们可有熵型的状态方程：

$$p=p(v,S) \tag{6.1.21}$$

若定义一个量，即等熵体积压缩模量 k：

$$k=-v\left(\frac{\partial p}{\partial v}\right)_S=\left\{\frac{\mathrm{d}p}{\left(-\frac{\mathrm{d}v}{v}\right)}\right\}_S \tag{6.1.22}$$

我们知道等熵即可逆绝热的过程，k 的含义是产生单位相对体积压缩 $\left(-\frac{\mathrm{d}v}{v}\right)$ 所需增加的压力。

Murnagham假定如下：

$$k=-v\left(\frac{\partial p}{\partial v}\right)_S\overset{M假定}{\longrightarrow}k_0+rp \tag{6.1.23}$$

该式即为

$$-v\frac{\mathrm{d}p}{\mathrm{d}v}=k_0+rp \tag{6.1.24}$$

即

$$\frac{\mathrm{d}p}{k_0+rp}=-\frac{\mathrm{d}v}{v} \tag{6.1.25}$$

在等比容条件下：

$$p\Big|_{v=v_0}=p_0(S) \tag{6.1.26}$$

由(6.1.25)和(6.1.26)可得

$$p=\frac{k_0}{r}\left\{\left[1+r\frac{p_0(S)}{k_0}\right]\left(\frac{v_0}{v}\right)^r-1\right\} \tag{6.1.27}$$

此即为Murnagham方程（$r\neq0$ $k_0\neq0$）。

若 $r=0$，可积分得出对数流体的状态方程：

$$p=k_0\ln\frac{\rho}{\rho_0}+p_0(S) \tag{6.1.28}$$

若 $k_0=0$，可得到多方流体的状态方程：

$$p=\frac{p_0(S)}{\rho_0^r}\rho^r \tag{6.1.29}$$

若不考虑热效应(即不考虑焓、熵、内能等),得到纯力学的状态方程:

$$p=p(S) \tag{6.1.30}$$

在(6.1.27)(6.1.28)中令 $p_0(S)=0$,就可以写为

$$p=\frac{k_0}{r}\left[\left(\frac{v_0}{v}\right)^r-1\right] \tag{6.1.31}$$

$$p=k_0\ln\frac{\rho}{\rho_0} \tag{6.1.32}$$

不妨在(6.1.29)中设 $p_0(S)=p_0$,得到

$$p=p_0\left(\frac{\rho}{\rho_0}\right)^r \tag{6.1.33}$$

可见(6.1.31)(6.1.32)和(6.1.33)都只是(6.1.30)的一个特例。

常见的形式还有Pack状态方程和Bridgeman状态方程,它们分别为:

$$p=\alpha\left(\frac{\rho}{\rho_0}\right)^{2/3}\left[\rho\frac{\sqrt[3]{\rho}-\sqrt[3]{\rho_0}}{\sqrt[3]{\rho}}-1\right] \tag{6.1.34}$$

$$p=a\left(\frac{\rho}{\rho_0}-1\right)+b\left(\frac{\rho}{\rho_0}-1\right)^2+c\left(\frac{\rho}{\rho_0}-1\right)^3 \tag{6.1.35}$$

$$\frac{v_0-v}{v_0}=ap+bp^2 \tag{6.1.36}$$

6.2　牛顿粘性流体

上节提到的热弹性流体满足:① $\boldsymbol{\sigma}\approx-p\boldsymbol{I}$ 无切应力,只有流体动压;② $p=p(v,T)$,p 与 $\boldsymbol{D}$ 无关,只与 (ρ,T) 有关,即 $p=p(v,T)$。这些只在低速条件下才成立。本节中,我们将在高速流动下讨论。对应地,① $\boldsymbol{\sigma}$ 除压力外,还有切应力;② $\boldsymbol{\sigma}$ 和 $\boldsymbol{D}$ 以及 (ρ,T) 等相关。设其压力可分解为两部分:

$$\boldsymbol{\sigma}=-p\boldsymbol{I}+\boldsymbol{\sigma}^* \tag{6.2.1}$$

其中,p 是流体的静压力或者说是热力学压力。当介质静止时粘性应力 $\boldsymbol{\sigma}^*=0$,则

$$\boldsymbol{\sigma} = -p\boldsymbol{I} \tag{6.2.2}$$

其中,

$$p = p(\rho, T) \tag{6.2.3}$$

$$\boldsymbol{\sigma}^* = \boldsymbol{\sigma}^*(\boldsymbol{D}, T) \tag{6.2.4}$$

$$\boldsymbol{\sigma}^*\big|_{\boldsymbol{D}=0} = 0 \tag{6.2.5}$$

我们定义粘性系数张量:

$$\boldsymbol{A} = \frac{\partial \boldsymbol{\sigma}^*}{\partial \boldsymbol{D}} = \boldsymbol{A}(\boldsymbol{D}, T) \tag{6.2.6}$$

当 $\boldsymbol{A} = \frac{\partial \boldsymbol{\sigma}^*}{\partial \boldsymbol{D}} = \boldsymbol{A}(T)$,线性粘性流体就是牛顿粘性流体。对于线性粘性流体即牛顿粘性流体有

$$\boldsymbol{\sigma}^* = \boldsymbol{A}(\rho, T):\boldsymbol{D} \tag{6.2.7}$$

或表示为

$$\sigma_{ij}^* = A_{ijkl}(\rho, T)D_{kl} \tag{6.2.8}$$

如此本构关系可写为

$$\boldsymbol{\sigma} = -p(\rho, T)\boldsymbol{I} + \boldsymbol{A}(\rho, T):\ \boldsymbol{D} \tag{6.2.9}$$

指标记法为

$$\sigma_{ij} = -p(\rho, T)\delta_{ij} + A_{ijkl}(\rho, T)D_{kl} \tag{6.2.10}$$

对于各向同性牛顿粘性流体,可以证明 $\boldsymbol{A}$ 必为四阶各向同性张量,必有如下表达式:

$$A_{ijkl} = \lambda\sigma_{ij}\delta_{kl} + \alpha\delta_{ik}\delta_{jl} + \beta\delta_{il}\delta_{jk} \tag{6.2.11}$$

令

$$\begin{cases} \mu = \dfrac{\alpha+\beta}{2} \\ v = \dfrac{\alpha-\beta}{2} \end{cases} \tag{6.2.12}$$

$$A_{ijkl} = \lambda\delta_{ij}\delta_{kl} + \mu\left[\delta_{ik}\delta_{jl} + \delta_{il}\delta_{jk}\right] + v\left[\delta_{ik}\delta_{jl} - \delta_{il}\delta_{jk}\right] \tag{6.2.13}$$

将(6.2.13)代入(6.2.9)(6.2.10)得到

$$\sigma_{ij}^* = \lambda D_{kk}\delta_{ij} + 2\mu D_{ij} \tag{6.2.14}$$

$$\sigma_{ij} = -p\delta_{ij} + \sigma_{ij}^* \tag{6.2.15}$$

(6.2.14)(6.2.15)为各向同性的牛顿粘性流体,其中,

$$\begin{cases}\lambda=\lambda(e,T)\\ \mu=\mu(\rho,T)\end{cases} \tag{6.2.16}$$

对(6.2.15)缩并一次得出

$$\sigma_{kk}=-3p+(3\lambda+2\mu)D_{kk} \tag{6.2.17}$$

即

$$\sigma_{kk}=-3p+(3\lambda+2\mu)\operatorname{div}\boldsymbol{v} \tag{6.2.18}$$

定义流体动力学压力如下：

$$\bar{p}=-\frac{\sigma_{kk}}{3}=p-\left(\lambda+\frac{2}{3}\mu\right)\operatorname{div}\boldsymbol{v}=p-\left(\lambda+\frac{2}{3}\mu\right)\operatorname{div}\boldsymbol{v}=p+p^{*} \tag{6.2.19}$$

由此式可见，流体动压等于流体静压 p 与粘性压力 p^{*} 之和，

$$p^{*}\equiv-\left(\lambda+\frac{2}{3}\mu\right)\operatorname{div}\boldsymbol{v}=-k\operatorname{div}\boldsymbol{v} \tag{6.2.20}$$

其中，

$$k=\lambda+\frac{2}{3}\mu \tag{6.2.21}$$

此处 $\bar{p}$ 称之为流体的动压，p 为流体的静压，p^{*} 为粘性压力。对于粘性系数 k 可用 (λ,μ) 表达，也可用 (p,v) 表达，后者含义更清楚。

$$k=-\frac{p^{*}}{\operatorname{div}\boldsymbol{v}} \tag{6.2.22}$$

将 D 进行球形与偏量分解：

$$\boldsymbol{D}=\frac{1}{3}D_{kk}\boldsymbol{I}+\boldsymbol{D}' \tag{6.2.23}$$

或者

$$\begin{cases}D_{ij}=\left(\frac{1}{3}\operatorname{div}\boldsymbol{v}\right)\delta_{ij}+D'_{ij}\\ D'_{kk}=0\end{cases} \tag{6.2.24}$$

则(6.2.14)式可写为

$$\sigma^{*}_{ij}=\lambda D_{kk}\delta_{ij}+2\mu\left[\frac{1}{3}(\operatorname{div}\boldsymbol{v})\delta_{ij}+D'_{ij}\right]=\left(\lambda+\frac{2}{3}\mu\right)(\operatorname{div}\boldsymbol{v})+2\mu D'_{ij} \tag{6.2.25}$$

即

$$\sigma^{*}_{ij}=k(\operatorname{div}\boldsymbol{v})\delta_{ij}+2\mu D'_{ij}=p^{*}\delta_{ij}+2\mu D'_{ij} \tag{6.2.26}$$

其中，

$$k(\operatorname{div}\boldsymbol{v})\boldsymbol{I}=-p^{*}\boldsymbol{I} \tag{6.2.27}$$

称为体积粘性压力，而

$$\boldsymbol{\sigma}^{*'}=\boldsymbol{\sigma}'=2\mu\boldsymbol{D}' \tag{6.2.28}$$

μ 为畸变粘性系数或第一粘性系数。

因为 $\sigma_{kk}'=0$，所以称 $\boldsymbol{\sigma}^{*'}=\boldsymbol{\sigma}'=2\mu\boldsymbol{D}'$ 为畸变粘性应力。对各向同性的牛顿粘性流体，有本构关系为

$$\sigma_{ij}=-p\delta_{ij}+\delta_{ij}^{*}=-p\delta_{ij}+k(\mathrm{div}\,\boldsymbol{v})\delta_{ij}+2\mu D_{ij}' \tag{6.2.29}$$

对大多数流体而言：

$$\bar{p}=p+p^{*} \tag{6.2.30}$$

其中 $p^{*}\ll 0$。依据(6.2.20)得出 $k\approx 0$，即

$$k=\lambda+\frac{2}{3}\mu\approx 0 \tag{6.2.31}$$

没有粘性时，动压就等于静压，由(6.2.24)有

$$\sigma_{ij}=-p\delta_{ij}+2\mu D_{ij}'=-p\delta_{ij}+2\mu\left[D_{ij}-\frac{1}{3}(\mathrm{div}\,\boldsymbol{v})\delta_{ij}\right] \tag{6.2.32}$$

若 $k=0$，则只剩下畸变粘性系数，此即 Stokes 粘性流体。

6.3 胡克弹性固体

6.3.1 一般形式

所谓弹性材料是没有记忆能力的材料，其只有瞬态响应且变形可完全恢复。本构关系：

$$\boldsymbol{\sigma}=\boldsymbol{\sigma}(\boldsymbol{\varepsilon}) \tag{6.3.1}$$

或者

$$\sigma_{ij}=\sigma_{ij}(\varepsilon_{kl}) \tag{6.3.2}$$

$$\boldsymbol{\sigma}\big|_{\boldsymbol{\varepsilon}=\boldsymbol{0}}=0 \tag{6.3.3}$$

可定义一个量 $\boldsymbol{M}$：

$$\boldsymbol{M}=\frac{\partial\boldsymbol{\sigma}}{\partial\boldsymbol{\varepsilon}} \tag{6.3.4}$$

指标记法为

$$M_{ijkl}=\frac{\partial\sigma_{ij}}{\partial\varepsilon_{kl}} \tag{6.3.5}$$

易见弹性(模量)张量为一个四阶张量，显然有

$$\begin{cases} M_{ijkl} = M_{jikl} \\ M_{ijkl} = M_{ijlk} \end{cases} \tag{6.3.6}$$

第一个式子对应于 $\boldsymbol{\sigma} = \boldsymbol{\sigma}^T$，第二个式子对应于 $\boldsymbol{\varepsilon} = \boldsymbol{\varepsilon}^T$ 。满足上面这个式子的材料通常称为Cauchy弹性材料。

我们定义比应变能 W 如下：

$$W = \frac{1}{\rho_0}\int_0^{\varepsilon} \boldsymbol{\sigma}:\mathrm{d}\boldsymbol{\varepsilon} = \frac{1}{\rho_0}\int_0^{\varepsilon} \sigma_{ij}\mathrm{d}\varepsilon_{ij} \tag{6.3.7}$$

那么

$$\boldsymbol{\sigma} = \rho_0 \frac{\partial W}{\partial \boldsymbol{\varepsilon}} \tag{6.3.8}$$

或

$$\sigma_{ij} = \rho_0 \frac{\partial W}{\partial \varepsilon_{ij}} \tag{6.3.9}$$

则有

$$M_{ijkl} = \frac{\partial \sigma_{ij}}{\partial \varepsilon_{kl}} = \rho \frac{\partial^2 W}{\partial \varepsilon_{kl}\partial \varepsilon_{ij}} = \rho \frac{\partial^2 W}{\partial \varepsilon_{ij}\partial \varepsilon_{kl}} = \frac{\partial \sigma_{kl}}{\partial \varepsilon_{ij}} = M_{klij} \tag{6.3.10}$$

若材料存在应变能函数，则

$$M_{ijkl} = M_{klij} \tag{6.3.11}$$

我们把满足(6.3.6)(6.3.11)的材料称为Green弹性材料。

W 完全对称的四阶弹性张量，独立的分量有21个。对各向同性材料，则

$$\boldsymbol{\sigma} = \boldsymbol{\sigma}(\boldsymbol{\varepsilon}) \tag{6.3.12}$$

将是 $\boldsymbol{\varepsilon}$ 各向同性张量函数，必有形式：

$$\boldsymbol{\sigma} = f_0(I_1, I_2, I_3)\boldsymbol{I} + f_1(I_1, I_2, I_3)\boldsymbol{\varepsilon} + f_2(I_1, I_2, I_3)\boldsymbol{\varepsilon}^2 \tag{6.3.13}$$

其中 I_1, I_2, I_3 为 $\boldsymbol{\varepsilon}$ 的三个主不变量，即各向同性弹性材料的本构关系，其可由三个元函数所确定。

对线性弹性各向同性材料：

$$\begin{cases} f_0 = \lambda\theta \\ f_1 = 2\mu \\ f_2 = 0 \end{cases} \tag{6.3.14}$$

所以(6.3.13)成为：

$$\boldsymbol{\sigma} = \lambda\theta\boldsymbol{I} + 2\mu\boldsymbol{\varepsilon} \tag{6.3.15}$$

其中，λ，μ 为常数，即Lame系数。

则必有

$$\sigma_{ij} = M_{ijkl}\varepsilon_{kl} \tag{6.3.16}$$

M_{ijkl} 必是四阶各向同性张量,则

$$M_{ijkl} = \lambda\delta_{ij}\delta_{kl} + \alpha\delta_{ik}\delta_{jl} + \beta\delta_{il}\delta_{jk} \tag{6.3.17}$$

引入

$$\begin{cases} \mu = \dfrac{\alpha+\beta}{2} \\ v = \dfrac{\alpha-\beta}{2} \end{cases} \quad 或 \quad \begin{cases} \alpha = \mu + v \\ \beta = \mu - v \end{cases} \tag{6.3.18}$$

可得到

$$M_{ijkl} = \lambda\delta_{ijkl} + \mu\left[\delta_{ik}\delta_{jl} + \delta_{il}\delta_{jk}\right] + v\left[\delta_{ik}\delta_{jl} - \delta_{il}\delta_{jk}\right] \tag{6.3.19}$$

则线弹性各向同性材料本构关系成为

$$\left.\begin{aligned} \sigma_{ij} &= \lambda\theta\delta_{ij} + 2\mu\varepsilon_{ij} \\ \boldsymbol{\sigma} &= \lambda\sigma\boldsymbol{I} + 2\mu\boldsymbol{\varepsilon} \end{aligned}\right\} \tag{6.3.20}$$

此即 Lamé 形式胡克定律。

6.3.2 线弹性各向同性材料本构的各种形式

1. (λ, μ) 形式

$$\sigma_{ij} = \lambda\theta\delta_{ij} + 2\mu\varepsilon_{ij} \tag{6.3.21}$$

由应变 $\boldsymbol{\varepsilon}$ 表达应力 $\boldsymbol{\sigma}$ 的形式,代表关系为

$$\begin{cases} \sigma_{xx} = \lambda\theta + 2\mu\varepsilon_{xx} \\ \sigma_{yy} = \lambda\theta + 2\mu\varepsilon_{yy} \\ \sigma_{zz} = \lambda\theta + 2\mu\varepsilon_{zz} \\ \sigma_{xy} = 2\mu\varepsilon_{xy} \\ \sigma_{yz} = 2\mu\varepsilon_{yz} \\ \sigma_{xz} = 2\mu\varepsilon_{xz} \end{cases} \tag{6.3.22}$$

其中 $\mu = \dfrac{\sigma_{xy}}{2\varepsilon_{xy}}$ 为剪切模量,其含义为产生单位剪应变所需要的剪应力。

设 $\varepsilon_{yy} = \varepsilon_{zz} = 0$, $\varepsilon_{xx} \neq 0$,则为 x 向一维应变,则有

$$\sigma_{yy} = \lambda\theta + 2\mu\varepsilon_{yy} = \lambda\varepsilon_{xx} \tag{6.3.23}$$

上式中 $\lambda = \sigma_{yy}/\sigma_{xx}$ 为一维应变下单位轴向应变引起的侧向约束应力。

2. (E,v) 形式

对(6.3.21)缩并一次，

$$\sigma_{ii} = 3\lambda\theta + 2\mu\varepsilon_{ii} = 3\lambda\varepsilon_{kk} + 2\mu\varepsilon_{ii} = (3\lambda + 2\mu)\varepsilon_{ii} \tag{6.3.24}$$

因为“哑标”只有形式含义,或者表达为

$$\sigma_{kk} = (3\lambda + 2\mu)\varepsilon_{kk} \tag{6.3.25}$$

将(6.3.25)代入(6.3.21)得

$$\sigma_{ij} = \frac{\lambda}{3\lambda + 2\mu}\sigma_{kk}\delta_{ij} + 2\mu\varepsilon_{ij} \tag{6.3.26}$$

即

$$\varepsilon_{ij} = \frac{1}{2\mu}\left[\sigma_{ij} - \frac{\lambda}{3\lambda + 2\mu}\sigma_{kk}\delta_{ij}\right] = -\frac{\lambda}{2\mu(3\lambda + 2\mu)}\sigma_{kk}\delta_{ij} + \frac{\sigma_{ij}}{2\mu} \tag{6.3.27}$$

如引入新的变量 (E, v) ,则

$$\begin{cases} \dfrac{\lambda}{2\mu(3\lambda + 2\mu)} = \dfrac{v}{E} \\ \dfrac{1}{2\mu} = \dfrac{1 + v}{E} \end{cases} \tag{6.3.28}$$

或

$$\begin{cases} \lambda = \dfrac{Ev}{(1 - 2v)(1 + v)} \\ \mu = \dfrac{E}{2(1 + v)} \end{cases} \tag{6.3.29}$$

(6.3.27)式可以写为

$$\varepsilon_{ij} = -\frac{v}{E}\sigma_{kk}\delta_{ij} + \frac{1 + v}{E}\sigma_{ij} \tag{6.3.30}$$

此即用 $\boldsymbol{\sigma}$ 表示 $\boldsymbol{\varepsilon}$ 的式子,具体化一点:

$$\begin{cases} \varepsilon_{xx} = \dfrac{1}{E}\left[\sigma_{xx} - v(\sigma_{yy} + \sigma_{zz})\right] \\ \varepsilon_{yy} = \dfrac{1}{E}\left[\sigma_{yy} - v(\sigma_{zz} + \sigma_{xx})\right] \\ \varepsilon_{zz} = \dfrac{1}{E}\left[\sigma_{zz} - v(\sigma_{xx} + \sigma_{yy})\right] \\ \varepsilon_{xy} = \dfrac{1 + v}{E}\sigma_{xy} \\ \varepsilon_{xz} = \dfrac{1 + v}{E}\sigma_{xz} \\ \varepsilon_{yz} = \dfrac{1 + v}{E}\sigma_{yz} \end{cases} \tag{6.3.31}$$

在一维应力$\begin{cases}\sigma_{xx}\neq 0\\ \sigma_{yy}=\sigma_{zz}=0\end{cases}$条件下：

$$E=\frac{\sigma_{xx}}{\varepsilon_{xx}} \tag{6.3.32}$$

其中，E为简单拉伸条件下的弹性模量；ε_{xx}为简单拉伸条件下的轴应变。

由(6.3.31)式得出

$$\begin{cases}\varepsilon_{yy}=-\dfrac{v\sigma_{xx}}{E}=-v\varepsilon_{xx}\\ v=-\dfrac{\varepsilon_{yy}}{\varepsilon_{xx}}\end{cases} \tag{6.3.33}$$

v为泊松比，即简单拉伸下侧向应变和轴向应变之比。

3. (K,G)形式

本节中θ代表体应变，$\bar{\sigma}$代表球形应力（或流体动拉应力）。则有

$$\varepsilon_{ij}=\frac{\theta}{3}\delta_{ij}+\varepsilon_{ij}' \tag{6.3.34}$$

$$\sigma_{ij}=\bar{\sigma}\delta_{ij}+\sigma_{ij}' \tag{6.3.35}$$

实际上$\theta=\varepsilon_{kk}$，$\bar{\sigma}=\dfrac{\sigma_{kk}}{3}$，而$\varepsilon_{kk}'=0$，$\sigma_{kk}'=0$。

将(6.3.31)之前三式相加：

$$\theta=-\frac{9v}{E}\bar{\sigma}+\frac{3(1+v)}{E}\bar{\sigma}=\frac{3(1-2v)}{E}\bar{\sigma} \tag{6.3.36}$$

其中$\theta=\dfrac{\bar{\sigma}}{K}$或$\bar{\sigma}=K\theta$。

$$K\equiv\frac{E}{3(1-2v)} \tag{6.3.37}$$

K是材料的体积模量，物理意义为产生单位体应变所需要的球形拉力（流体动力拉力）。

由(6.3.34)取偏量：

$$\varepsilon_{ij}'=\frac{1+v}{E}\sigma_{ij}'=\frac{\sigma_{ij}'}{2\mu} \tag{6.3.38}$$

即得

$$2\mu=2G=\frac{\sigma_{ij}'}{\varepsilon_{ij}'} \tag{6.3.39}$$

其中，μ的含义要比剪切模量含义更广，称为畸变模量。可见剪切只是畸变的一种。

由上可有 (K,G) 形式本构式：

$$\begin{cases}\theta=\dfrac{\bar{\sigma}}{K}\\ \varepsilon_{ij}'=\dfrac{1}{2G}\sigma_{ij}'\end{cases}\tag{6.3.40}$$

其中 $\varepsilon_{kk}'=\sigma_{kk}'=0$。

6.4　热弹性固体

对于热弹性固体，可和热弹性流体类似讨论。热弹性材料常用的本构关系为

$$\boldsymbol{\sigma}=\boldsymbol{\sigma}(\boldsymbol{\varepsilon},T)\tag{6.4.1}$$

这时温度型本构关系为

$$\bar{p}=\bar{p}(\rho,T)\tag{6.4.2}$$

可从准静态的等温实验得出。其熵型本构方程为

$$\mathrm{d}S=\frac{\mathrm{d}Q}{T}=0\tag{6.4.3}$$

其可由等熵波动实验得出，实际上可逆绝热就意味着等熵。

内能型本构关系为

$$\boldsymbol{\sigma}=\boldsymbol{\sigma}(\boldsymbol{\varepsilon},e)\tag{6.4.4}$$

这个可通过不可逆冲击波实验得到。

焓型本构为

$$\boldsymbol{\sigma}=\boldsymbol{\sigma}(\boldsymbol{\varepsilon},h)\tag{6.4.5}$$

因为焓计算式为

$$h=e+pv=e-\frac{1}{\rho_0}\boldsymbol{\sigma}:\boldsymbol{\varepsilon}\tag{6.4.6}$$

所以

$$\mathrm{d}h=\mathrm{d}e+p\mathrm{d}v+v\mathrm{d}p\overset{\text{等}p}{=}\mathrm{d}e+p\mathrm{d}v=\mathrm{d}Q\tag{6.4.7}$$

可见焓的物理意义为等压条件下材料的吸热本领。

下面我们将主要讲 $\boldsymbol{\sigma}=\boldsymbol{\sigma}(\boldsymbol{\varepsilon},T)$ 型，即以温度型本构为例进行分析。$\boldsymbol{\sigma}=\boldsymbol{\sigma}(\boldsymbol{\varepsilon},T)$ 在 $\boldsymbol{\varepsilon}=0,T=T^0$ 点展开为Taylor级数：

$$\sigma_{ij}=\sigma_{ij}\left(\varepsilon_{kl},T\right)=\sigma_{ij}\left(0,T^0\right)+\left.\frac{\partial\sigma_{ij}}{\partial\varepsilon_{kl}}\right|_{(0,T^0)}\varepsilon_{kl}+\left.\frac{\partial\sigma_{ij}}{\partial T}\right|_{(0,T^0)}\left(T-T^0\right)+\dots \tag{6.4.8}$$

右边第三项为每升高一度引起应力的增加,后面的高次项可以忽略不计,则

$$\sigma_{ij}=M_{ijkl}\varepsilon_{kl}+\beta_{ij}\left(T-T^0\right) \tag{6.4.9}$$

矩阵形式表达为

$$\boldsymbol{\sigma}=\boldsymbol{M}:\varepsilon+\boldsymbol{\beta}\left(T-T^0\right) \tag{6.4.10}$$

此式叫做Duhamal-Newman型本构关系。

若为各向同性热弹性材料,则 $\boldsymbol{M}$ 必为四阶各向同性张量, $\boldsymbol{\beta}$ 必为二阶各向同性张量。

$$\left.\begin{aligned}&M_{ijkl}=\lambda\delta_{ij}\delta_{kl}+\mu\left(\delta_{ik}\delta_{jl}+\delta_{il}\delta_{jk}\right)+v\left(\delta_{ik}\delta_{jl}-\delta_{il}\delta_{jk}\right)\\&\beta_{ij}=\beta\delta_{ij}\end{aligned}\right\} \tag{6.4.11}$$

将(6.4.11)代入(6.4.10)得出

$$\sigma_{ij}=\lambda\theta\delta_{ij}+2\mu\varepsilon_{ij}-\beta\left(T-T^0\right)\delta_{ij} \tag{6.4.12}$$

定义1: $\boldsymbol{\sigma}^*=\boldsymbol{\sigma}+\boldsymbol{\beta}\left(T-T^0\right)\boldsymbol{I}$,则(6.4.12)式成为

$$\sigma^*_{ij}=\lambda\theta\delta_{ij}+2\mu\varepsilon_{ij} \tag{6.4.13}$$

这类似于纯力学的情形:

$$\varepsilon_{ij}=-\frac{v}{E}\sigma^*_{kk}\delta_{ij}+\frac{1+v}{E}\sigma^*_{ij}=-\frac{v}{E}\sigma_{kk}\delta_{ij}+\frac{1+v}{E}\sigma_{ij}+\frac{1-2v}{E}\beta\left(T-T^0\right)\delta_{ij} \tag{6.4.14}$$

即

$$\varepsilon_{ij}=-\frac{v}{E}\sigma_{kk}\delta_{ij}+\frac{1+v}{E}\sigma_{ij}+\alpha\left(T-T^0\right)\delta_{ij} \tag{6.4.15}$$

其中,

$$\alpha=\frac{(1-2v)}{E}\beta=\frac{\beta}{3K} \tag{6.4.16}$$

α 又称为线膨胀系数:

$$\alpha=\frac{\varepsilon_{11}}{T-T^0} \tag{6.4.17}$$

6.5 各向同性张量

张量是指沿着某一平面作用的物理量。在数学里张量是一种几何实体,或

者说广义上的“数量”。张量在物理和工程学中很重要，包括标量、矢量和线性运算符。对于标量而言，它就是零阶张量，即

$$\bar{\varphi}=\varphi \tag{6.5.1}$$

矢量是一阶张量：

$$\bar{a}_i=\beta_{ij}a_j \tag{6.5.2}$$

常见的还有二阶张量和三阶张量：

$$\bar{A}_{ij}=\beta_{il}\beta_{jm}A_{lm} \tag{6.5.3}$$

$$\bar{A}_{ijk}=\beta_{il}\beta_{jm}\beta_{kn}A_{lmn} \tag{6.5.4}$$

定义2： n 阶笛卡尔张量，若 $\boldsymbol{A}$ 称为各向同性张量，则在任意的正交变换下都有

$$\bar{A}_{i_1i_2\ldots in}=A_{i_1i_2\ldots in} \tag{6.5.5}$$

若上面只对“正则”坐标变化存在，则只能称 $\boldsymbol{A}$ 为“半各向同性张量”。

下面有几个常见的定理，实用性较强。

定理1：所有标量都是各向同性零阶张量。

这个定理比较简单，不作证明。

定理2：一阶张量只有零矢量才是各向同性张量。

证明：对于矢量 $\boldsymbol{V}$ 则必有

$$\bar{V}_i=\beta_{ij}V_j \tag{6.5.6}$$

由于是各向同性的，

$$\bar{V}_i=V_i \tag{6.5.7}$$

则

$$V_i=\beta_{ij}V_j \tag{6.5.8}$$

或

$$\left(\beta_{ij}-\delta_{ij}\right)V_j=0 \tag{6.5.9}$$

由 β_{ij} 的任意性可得

$$\left\|\beta_{ij}-\delta_{ij}\right\|\neq 0 \tag{6.5.10}$$

故 $V_j\equiv 0$，证毕。

定理3：所有的各向同性二阶张量，其形式必为 $A_{ij}=\alpha\delta_{ij}$。

证明：设 $\boldsymbol{A}$ 为各向同性的二阶张量：

$$\bar{A}_{ij}=\beta_{im}\beta_{jn}A_{mn}=A_{ij} \tag{6.5.11}$$

即有

$$A_{ij}=\beta_{im}\beta_{jn}A_{mn} \tag{6.5.12}$$

显然可见下式是(6.5.11)的解：

$$A_{ij}=\alpha\delta_{ij} \tag{6.5.13}$$

现证(6.5.11)的解只有(6.5.12)。

由于(6.5.12)对任意的矩阵 $\boldsymbol{\beta}$ 都成立，特别取

$$[\beta_{ij}]=\begin{bmatrix}-1 & 0 & 0\\ 0 & -1 & 0\\ 0 & 0 & 1\end{bmatrix} \tag{6.5.14}$$

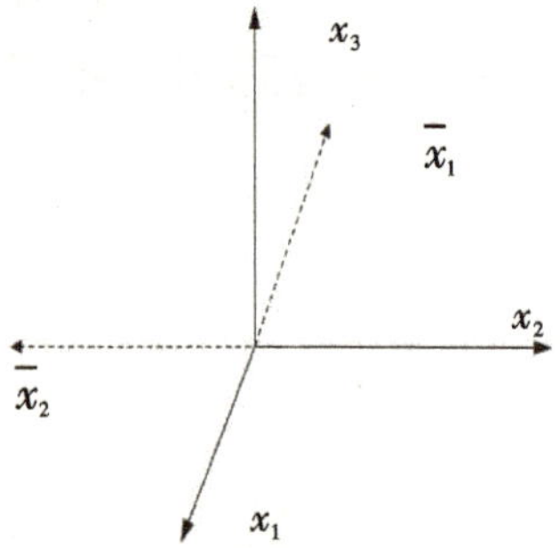

图6-1

即原坐标绕 x_3 轴旋转 π 得到新坐标系(图6-1)：

$$\begin{cases}\bar{\boldsymbol{e}}_1=-\boldsymbol{e}_1\\ \bar{\boldsymbol{e}}_2=-\boldsymbol{e}_2\\ \bar{\boldsymbol{e}}_3=\boldsymbol{e}_3\end{cases} \tag{6.5.15}$$

则(6.5.12)得到

$$A_{23}=\beta_{2m}\beta_{3n}A_{mn}=\beta_{22}\beta_{33}A_{23}=(-1)\times(-1)A_{23} \tag{6.5.16}$$

即 $A_{23}=0$，类似有 $A_{32}=0$。经计算还可发现下面式子成立：

$$\left.\begin{matrix}A_{31}=A_{13}=0\\ A_{21}=A_{12}=A_{23}=A_{32}=0\\ A_{21}=A_{12}=A_{13}=A_{31}=0\end{matrix}\right\} \tag{6.5.17}$$

归纳一下即为

$$A_{ij}=0\quad(i\neq j) \tag{6.5.18}$$

若 $\boldsymbol{\beta}$ 取为

$$[\beta_{ij}]=\begin{bmatrix}0 & 1 & 0\\ -1 & 1 & 0\\ 0 & 1 & 0\end{bmatrix} \tag{6.5.19}$$

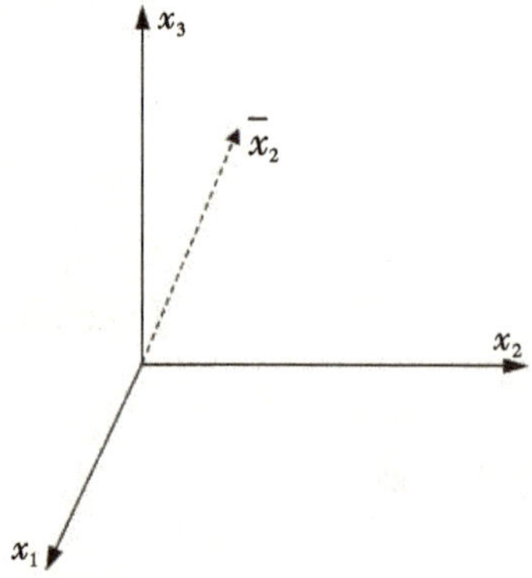

图6-2

即有绕 x_3 轴旋转90°(图6-2)：

$$\begin{cases}\bar{\boldsymbol{e}}_1=\boldsymbol{e}_2\\ \bar{\boldsymbol{e}}_2=-\boldsymbol{e}_1\\ \bar{\boldsymbol{e}}_3=\boldsymbol{e}_3\end{cases} \tag{6.5.20}$$

则

$$A_{11}=\beta_{1m}\beta_{1n}A_{22}=(+1)\times(+1)A_{22} \tag{6.5.21}$$

得出 $A_{11}=A_{22}$ 或 $A_{22}=A_{33}$，即

$$A_{11}=A_{22}=A_{33}\equiv\alpha \tag{6.5.22}$$

定理4：三阶各向同性张量的形式必为 $A_{ijk}=\alpha e_{ijk}$。

证明：由三阶各向同性张量的含义必有

$$\bar{A}_{ijk}=\beta_{il}\beta_{jm}\beta_{kp}A_{lmp}\overset{\text{各向同性}}{=}A_{ijk} \tag{6.5.23}$$

即

$$A_{ijk}=\beta_{il}\beta_{jm}\beta_{kp}A_{lmp} \tag{6.5.24}$$

设 $A_{ijk}=\alpha e_{ijk}$，代入(6.5.24)得

$$\alpha e_{ijk}=\beta_{il}\beta_{jm}\beta_{kp}\alpha e_{mnp}=\alpha\|\beta\|e_{ijk}=\alpha e_{ijk} \tag{6.5.25}$$

即 $A_{ijk}=\alpha e_{ijk}$ 必为三阶半各向同性张量。

下面证明在“正则”的前提下，(6.5.24)的解必为(6.5.25)。换言之，要证明(6.5.24)的解即(6.5.25)，只要证明：

$$A_{ijk}=\begin{cases}0 & \text{当}i=j=k\\ 0 & \text{当}i,j,k\text{中两个相同时}\\ \alpha & i,j,k\text{为123的正序时}\\ -\alpha & i,j,k\text{为123的逆序时}\end{cases} \tag{6.5.26}$$

①取 $[\beta_{ij}]$ 为(6.5.14)，则(6.5.24)为

$$A_{111}=\beta_{1m}\beta_{1n}\beta_{1p}A_{lmp}=\beta_{11}\beta_{11}\beta_{11}A_{111} \tag{6.5.27}$$

即 $A_{111}=0$。类似地可有：$A_{222}=0$，$A_{333}=0$。

②取 $[\beta_{ij}]$ 为(6.5.14)时并取 $k\neq3$（等于1或者2），则(6.5.24)为

$$A_{33k}=\alpha_{3m}\beta_{3n}\beta_{kp}A_{mnp}=\beta_{33}\beta_{33}\beta_{kk}A_{33k}=(+1)\times(+1)\times(-1)A_{33k}=-A_{33k} \tag{6.5.28}$$

③取 $[\beta_{ij}]$ 为(6.5.19)，则有

$$A_{123}=\beta_{1m}\beta_{2n}\beta_{3p}A_{lmp}=\beta_{12}\beta_{21}\beta_{33}A_{213}=(+1)\times(-1)\times(+1)\times A_{213} \tag{6.5.29}$$

可见正序和逆序差一个符号。

④取 $[\beta_{ij}]$ 为下式：

$$[\beta_{ij}]=\begin{bmatrix}0&1&0\\0&0&1\\1&0&0\end{bmatrix} \tag{6.5.30}$$

则有

$$A_{123}=\beta_{1m}\beta_{2n}\beta_{3p}A_{lmp}=\beta_{12}\beta_{23}\beta_{31}A_{231}=(+1)\times(-1)\times(-1)\times A_{231} \qquad (6.5.31)$$

所以 $A_{123}=A_{231}=A_{312}$，可见三个正序相同；类似地，三个逆序 A_{ijk} 也相同。故不妨设正序为 α，则逆序为 $-\alpha$。证毕。

定理5：四阶张量为各向同性的充要条件为

$$A_{ijkl}=\lambda\delta_{ij}\delta_{kl}+\alpha\delta_{ik}\delta_{jl}+\beta\delta_{il}\delta_{jk}=\lambda\delta_{ij}\delta_{kl}+\mu\left(\delta_{ik}\delta_{jl}+\delta_{il}\delta_{jk}\right)+v\left(\delta_{ik}\delta_{jl}+\delta_{il}\delta_{jk}\right) \qquad (6.5.32)$$

其中，

$$\begin{cases}\alpha=\mu+v\\ \beta=\mu-v\end{cases} \text{或} \begin{cases}\mu=(\alpha+\beta)/2.0\\ v=(\alpha-\beta)/2.0\end{cases}$$

证明：由四阶各向同性张量的定义必有

$$\bar{A}_{ijkl}=\beta_{im}\beta_{jn}\beta_{kp}\beta_{lq}A_{mnpq}\overset{\text{各向同性}}{=}\mathrm{A}_{ijkl} \qquad (6.5.33)$$

显然，$\delta_{ij}\delta_{kl}$、$\delta_{il}\delta_{kj}$ 和 $\delta_{ik}\delta_{jl}$ 都是(6.5.33)的解。

将 $A_{mnpq}=\delta_{mn}\delta_{pq}$ 代入(6.5.33)右端得

$$\beta_{im}\beta_{jn}\beta_{kp}\beta_{lq}\delta_{mn}\delta_{pq}=\beta_{im}\beta_{jm}\beta_{kp}\beta_{lp}=\delta_{ij}\delta_{kl}=A_{ijkl} \qquad (6.5.34)$$

即

$$\beta_{im}\beta_{jn}\beta_{kp}\beta_{lq}\delta_{mn}\delta_{pq}=A_{ijkl} \qquad (6.5.35)$$

充分性证毕。下面证明其必要性。

$$A_{ijkl}=\begin{cases}\lambda+\alpha+\beta & \text{当} i=j=k=l\\ \lambda & \text{当} i=j\neq k=l\\ \alpha & \text{当} i=k\neq j=l\\ \beta & \text{当} i=l\neq j=k\\ 0 & \text{其他}\end{cases} \qquad (6.5.36)$$

在上式中，第一种情形表明指标重复四次；第二、三、四情形指标分别重复两次；第五种情形重复奇数次，一次或者三次。我们将分别证明之。

先证明第五种情况，取 $[\beta]$ 为(6.5.14)，即

$$\left[\beta_{ij}\right]=\begin{bmatrix}-1 & 0 & 0\\ 0 & -1 & 0\\ 0 & 0 & 1\end{bmatrix} \qquad (6.5.37)$$

对于 i, j, k 取1或2，而 $l=3$，则有

$$A_{ijk3}=\beta_{im}\beta_{jn}\beta_{kp}\beta_{3q}A_{mnpq}=(-1)\times(-1)\times(-1)\times(1)\times A_{ijk3} \qquad (6.5.38)$$

所以 $A_{ijk3}=0$。

类似地，我们可得只要有一个指标重复一次，$A_{ijkl}=0$。若指标重复三次如何呢？设 i 取1或2，$j=k=l=3$，则

$$A_{i333}=\beta_{im}\beta_{3n}\beta_{3p}\beta_{3q}A_{mnpq}=(-1)\times(1)\times(1)\times(1)\times A_{i333}=-A_{i333} \tag{6.5.39}$$

即 $A_{i333}=0$。

类似地可以证明，只要有一个指标重复三次，则必有 $A_{ijkl}=0$。如此，综合上述两点，则(6.5.36)中第五种情况证毕。

下面来证明第二种情况，只要得到证明，那么第三、四种情况由于相似，证明就不言而喻了。取 $[\beta]$ 为(6.5.19)，即

$$[\beta_{ij}]=\begin{bmatrix}-1 & 0 & 0\\ 0 & -1 & 0\\ 0 & 0 & 1\end{bmatrix} \tag{6.5.40}$$

则

$$A_{1122}=\beta_{1m}\beta_{1n}\beta_{2p}\beta_{2q}A_{mnpq}=(1)\times(1)\times(-1)\times(-1)\times A_{2211} \tag{6.5.41}$$

即 $A_{1122}=A_{2211}$。类似地可得 $A_{2233}=A_{3322}=A_{3311}=A_{1133}=A_{1122}=A_{2211}$。

对于第一种情况，我们取

$$[\beta_{ij}]=\begin{bmatrix}0 & 1 & 0\\ 0 & 0 & 1\\ 1 & 0 & 0\end{bmatrix} \tag{6.5.42}$$

有

$$A_{1111}=\beta_{1m}\beta_{1n}\beta_{1p}\beta_{1q}A_{mnpq}=(1)\times(1)\times(1)\times(1)\times A_{2222} \tag{6.5.43}$$

类似可有 $A_{1111}=A_{2222}=A_{3333}$。

当我们取 $[\boldsymbol{\beta}]$ 为下式：

$$[\beta_{ij}]=\begin{bmatrix}\frac{1}{\sqrt{2}} & \frac{1}{\sqrt{2}} & 0\\ -\frac{1}{\sqrt{2}} & \frac{1}{\sqrt{2}} & 0\\ 0 & 0 & 1\end{bmatrix} \tag{6.5.44}$$

此矩阵表明原坐标系统绕 x_3 旋转45°（图6-3）。

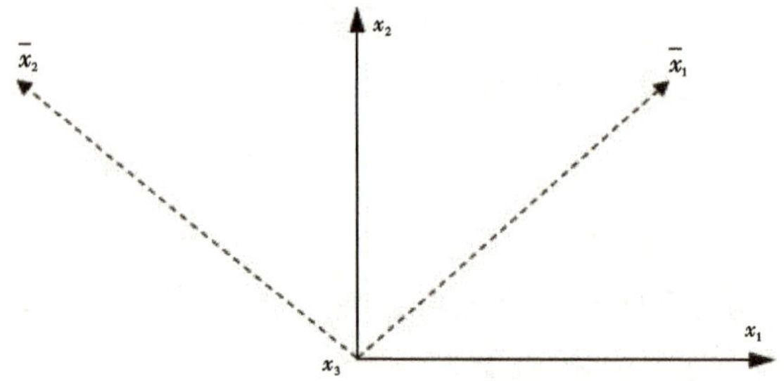

图6-3

则有

$$A_{1111}=\beta_{1m}\beta_{1n}\beta_{1p}\beta_{1q}=\left(\frac{1}{\sqrt{2}}\right)^4(A_{1111}+A_{2222}+A_{1122}+A_{2211}+A_{1212}+A_{2121}+A_{1221}+A_{2112})$$
$$=\left(\frac{1}{\sqrt{2}}\right)^4(2A_{1111}+2\lambda+2\alpha+2\beta) \tag{6.5.45}$$

到此为止,(6.5.36)的五种情形得到证明,定理5证毕。

定理6:线性各向同性材料的本构关系。

$$\sigma_{ij}=A_{ijkl}\varepsilon_{kl} \tag{6.5.46}$$

的弹性模量张量 M_{ijkl} 必为四阶各向同性张量。

证明:设在 $\boldsymbol{x}$ 系中的本构关系为

$$\sigma_{ij}=A_{ijkl}\varepsilon_{kl} \tag{6.5.47}$$

由于(6.5.47)为张量方程,故而在 $\bar{\boldsymbol{x}}$ 中下式成立:

$$\bar{\sigma}_{ij}=\bar{M}_{ijkl}\bar{\varepsilon}_{kl} \tag{6.5.48}$$

又因为材料是各向同性的,所以有

$$\bar{\sigma}_{ij}=M_{ijkl}\bar{\varepsilon}_{kl} \tag{6.5.49}$$

联立(6.5.48)和(6.5.49)得出

$$\left(\bar{M}_{ijkl}-M_{ijkl}\right)\bar{\varepsilon}_{kl}=0 \tag{6.5.50}$$

由于 $\bar{\varepsilon}_{kl}$ 的任意性推出

$$\bar{M}_{ijkl}=M_{ijkl} \tag{6.5.51}$$

定理6证毕。

定理7:线弹性各向同性材料本构关系必为

$$\sigma_{ij}=\lambda\theta\delta_{ij}+2\mu\varepsilon_{ij} \tag{6.5.52}$$

参考文献

[1][日]德冈辰雄.理性连续介质力学入门[M].赵镇,苗天德,程昌钧,译.北京:科学出版社,1982.

[2]范镜泓,高芝晖.非线性连续介质力学基础[M].重庆:重庆大学出版社,1987.

[3][苏]H.E.Кочин.向量计算及张量计算初步[M].史福培等,译.北京:高等教育出版社,1958.

[4]黄克智.非线性连续介质力学[M].北京:清华大学出版社、北京大学出版社,1989.

[5]黄筑平.连续介质力学基础[M].2版.北京:高等教育出版社,2012.

[6]匡震邦.非线性连续介质力学[M].上海:上海交通大学出版社,2002.

[7]李松年,黄执中.非线性连续统力学[M].北京:北京航空学院出版社,1987.

[8]李永池.张量初步和近代连续介质力学概论[M].2版.合肥:中国科学技术大学出版社,2016.

[9]王仁,熊祝华,黄文彬.塑性力学基础[M].北京:科学出版社,1982.

[10]王自强.理性力学基础[M].北京:科学出版社,2000.

[11][俄]Д.И.谢多夫.连续介质力学(第一卷)[M].6版.李植,译.北京:高等教育出版社,2007.

[12]周培基,A.K.霍普肯斯.材料对强冲击载荷的动态响应[M].北京:科学出版社,1985.

[13]ERINGEN A C. Mechanics of continua[M].New York: John Wiley & Sons, Inc. ,1967.

[14]ERINGEN A C. Nonlinear theory of continuous media[M].New York:McGraw-

Hill Book Company, Inc. , 1962.

[15] FUNG Y C. Foundations of solid mechanics [M].New Jersey: Prentice- Hall, Inc. , 1965.

[16] YVES R, TALPAERF. Tensor analysis and continuum mechanics [M].Berlin: Springer Nether lands, 2002.

[17] MALVERN L E. Introduction to the mechanics of a continuous medium [M]. New Jersey: Prentice-Hall, Inc. , 1969.